Mariem Ben Khelifa

**Identification de gènes impliqués dans l'infertilité masculine**

Mariem Ben Khelifa

# Identification de gènes impliqués dans l'infertilité masculine

## Défauts géniques responsables d'infertilité masculine

**Presses Académiques Francophones**

**Impressum / Mentions légales**

Bibliografische Information der Deutschen Nationalbibliothek: Die Deutsche Nationalbibliothek verzeichnet diese Publikation in der Deutschen Nationalbibliografie; detaillierte bibliografische Daten sind im Internet über http://dnb.d-nb.de abrufbar.

Alle in diesem Buch genannten Marken und Produktnamen unterliegen warenzeichen-, marken- oder patentrechtlichem Schutz bzw. sind Warenzeichen oder eingetragene Warenzeichen der jeweiligen Inhaber. Die Wiedergabe von Marken, Produktnamen, Gebrauchsnamen, Handelsnamen, Warenbezeichnungen u.s.w. in diesem Werk berechtigt auch ohne besondere Kennzeichnung nicht zu der Annahme, dass solche Namen im Sinne der Warenzeichen- und Markenschutzgesetzgebung als frei zu betrachten wären und daher von jedermann benutzt werden dürften.

Information bibliographique publiée par la Deutsche Nationalbibliothek: La Deutsche Nationalbibliothek inscrit cette publication à la Deutsche Nationalbibliografie; des données bibliographiques détaillées sont disponibles sur internet à l'adresse http://dnb.d-nb.de.

Toutes marques et noms de produits mentionnés dans ce livre demeurent sous la protection des marques, des marques déposées et des brevets, et sont des marques ou des marques déposées de leurs détenteurs respectifs. L'utilisation des marques, noms de produits, noms communs, noms commerciaux, descriptions de produits, etc, même sans qu'ils soient mentionnés de façon particulière dans ce livre ne signifie en aucune façon que ces noms peuvent être utilisés sans restriction à l'égard de la législation pour la protection des marques et des marques déposées et pourraient donc être utilisés par quiconque.

Coverbild / Photo de couverture: www.ingimage.com

Verlag / Editeur:
Presses Académiques Francophones
ist ein Imprint der / est une marque déposée de
OmniScriptum GmbH & Co. KG
Heinrich-Böcking-Str. 6-8, 66121 Saarbrücken, Deutschland / Allemagne
Email: info@presses-academiques.com

Herstellung: siehe letzte Seite /
Impression: voir la dernière page
**ISBN: 978-3-8416-2658-5**

Zugl. / Agréé par: Grenoble, Université Joseph Fourier Grenoble, 2013

Copyright / Droit d'auteur © 2013 OmniScriptum GmbH & Co. KG
Alle Rechte vorbehalten. / Tous droits réservés. Saarbrücken 2013

# SOMMAIRE

# Réferences bibliographique

- I. **LA SPERMATOGENESE NORMALE** .................. 1
  - A. La spermatogenèse .................. 1
  - B. La spermiogenèse .................. 1
- II. **La structure du spermatozoïde de mammifère** .................. 3
  - A. La tête du spermatozoïde .................. 3
  - B. Biogenèse de l'acrosome .................. 5
    1. Description et mécanismes des différentes phases de la biogenèse de l'acrosome : .................. 7
  - C. Le flagelle .................. 13
    1. Origine du flagelle .................. 13
    2. Structure du flagelle .................. 14
    3. Les acteurs de la force motrice .................. 17
    4. Les structures extra-axonémales .................. 26
    5. Moteurs moléculaires du transport intraflagellaire. .................. 30
    6. Le cil et le flagelle .................. 32
    7. Les ciliopathies. .................. 35
- III. **L'infertilité masculine** .................. 40
  - A. Les causes de l'infertilité masculine .................. 41
    2. Les causes endocriniennes .................. 41
    3. Les maladies infectieuses .................. 41
    4. Les problèmes immunitaires .................. 42
    5. Les causes environnementales .................. 42
    6. Les causes génétiques .................. 43
  - B. Moyen d'exploration de l'infertilité masculine .................. 47
    1. Le spermogramme .................. 47
    2. Le spermocytogramme .................. 51
  - C. L'identification de nouveaux gènes impliqués dans des formes rares d'infertilité (Tératozoospermie) .................. 52
    1. Les anomalies de la tête du spermatozoïde .................. 53
    2. Les anomalies qui touchent la pièce intermédiaire du spermatozoïde .................. 56
    3. Les phénotypes pathologiques flagellaires .................. 57
  
  Après une revue de la littérature sur les spermatozoïdes macrocéphales nous exposerons les résultats de l'identification de nouvelles mutations du gène AURKC, chez des patients porteurs de spermatozoïdes macrocéphales. Ces résultats ont fait l'objet de deux publications scientifiques. .................. 60

- I. **Les spermatozoïdes macrocéphales :** .................. 60
  - A. La description du phénotype des spermatozoïdes macrocéphales .................. 60
  - B. Origine génétique du syndrome des spermatozoïdes macrocéphales ? .................. 61
  - C. Perturbation méiotique à l'origine des spermatozoïdes macrocéphales ? .................. 61
  - D. Spermatozïdes macrocéphales et FISH (Fluorecent In Situ Hybridization) .................. 62

  E. ICSI et spermatozoïdes macrocéphales ......................................................................... 63
  F. Classification des spermatozoïdes macrocéphales ..................................................... 63
**II.** **La découverte de l'implication du gène *AURKC* (Aurora Kinase C) dans le phénotype des SM** .............................................................................................................. **66**
  A. Confirmation de la Tétraploïdie des SM par la technique de cytométrie en flux ....... 67
  B. Comment expliquer les résultats des analyses par FISH des études précédentes ? ..... 69
  C. La protéine Aurora Kinase C : AURKC ......................................................................... 69
    1. Les Aurora kinases : .................................................................................................. 69
    2. La protéine AURKC : ................................................................................................. 72
**III.** **Identification de nouvelles mutations responsables du phénotype de spermatozoïdes macrocéphales dans le gène AURKC** ............................................. **75**
  *PATIENTS ET MATERIELS* .................................................................................................... 76
**I.** **Patients** ........................................................................................................................ **76**
**II.** **Les échantillons biologiques** ................................................................................. **76**
  A. Le sperme ...................................................................................................................... 76
  B. Le sang ........................................................................................................................... 77
  C. La salive ......................................................................................................................... 77
  *METHODES* ........................................................................................................................... 78
**I.** **Méthodes d'extraction de l'ADN et de l'ARN** ................................................ **78**
  A. Méthode d'extraction d'ADN à partir de la salive ..................................................... 78
  B. Méthode d'extraction d'ADN à partir de sang au chlorure de guanidine ................ 79
  C. Méthode d'extraction d'ARN ..................................................................................... 79
    1. Une première étape : Extraction des cellules mononuclées à partir du sang ........... 79
    2. Une deuxième étape : Extraction d'ARN à partir des cellules mononuclées ............ 80
**II.** **Analyses moléculaires** ............................................................................................. **81**
  A. Amplification par réaction de PCR (Polymerase Chain Reaction) du gène candidat ............. 81
  B. Séquençage des produits amplifiés ............................................................................ 82
    1. La purification des produits de la PCR .................................................................... 82
    2. Réaction de séquence ............................................................................................. 82
    3. Purification des produits de la réaction de séquence ............................................. 83
    4. L'étape du séquençage ........................................................................................... 84
  C. RT-PCR ........................................................................................................................... 84
  D. HRM : High Resolution Melting .................................................................................. 85
    1. Principe de la technique HRM ................................................................................ 85
    2. Détails de la technique d'HRM ............................................................................... 86
  *RÉSULTATS* ........................................................................................................................... 87
**I.** **Analyse des résultats des deux frères macrozoocéphales** ........................ **87**
  A. Résultats du spermogramme et spermocytogramme chez les deux frères macrozoocéphales ........................................................................................................ 87
  B. Résultats des analyses moléculaires du gène AURKC pour les deux frères macrozoocéphales ........................................................................................................ 88
    1. Séquençage du gène *AURKC* ................................................................................ 88
    2. Les conséquences de la mutation identifiée (c.436-2A>G) sur l'épissage ............. 89

3. Validation de l'absence du variant (c.436-2A>G) trouvé dans la population générale par HRM ...... 91
**II. Analyse des résultats des 44 autres patients macrozoocéphales** ............................ 92
    *A. Analyse des résultats moléculaires* ............................................................................. 92
        1. Analyses des transcrits porteurs du variant p.Y248* ........................................... 93
        2. Haplotype des patients porteurs de la mutation p.Y248* ................................... 94
        3. Calcul de la fréquence du polyorphisme c.930+38G>A chez des témoins maghrébins et européens par HRM ............................................................................................................. 95
    *B. Les paramètres du sperme mesurés et le génotype des patients macrozoocéphales* .......... 95
**DISCUSSION** ............................................................................................................................. 98

**I. Mutation d'épissage c.436-2A>G** ........................................................................ 98

**II. La mutation STOP p.Y248*** ............................................................................... 99

**III. Stratégie de diagnostique chez les patients macrozoospermiques** .................... 101
    *CONCLUSION* ...................................................................................................................... 102
    *Chapitre II : Les Spermatozoïdes avec des anomalies du flagelle* ............................................. 104
    <u>Article 3</u>: *Mutations in Dynein cause male infertility by disrupting sperm flagellum axoneme growth (article en cours de rédaction).* ............................................................. 104
    *Après une revue de la littérature sur les spermatozoïdes avec des anomalies flagellaires et les gènes impliqués dans ces anomalies, nous exposerons les résultats de l'identification d'un nouveau gène : DNAH1, impliqué dans ce phénotype.* ............................................. 105

**I. Les spermatozoïdes avec des anomalies flagellaires** ......................................... 105
    *A. La littérature des anomalies flagellaires* ............................................................ 105
        Tableau 8 : Gènes impliqués dans des ciliopathies chez l'humain et affectant la structure axonémale et la mobilité des spermatozoïdes (Inaba, 2011). ............................. 109
        Tableau 9 : Gènes pour lesquels il a été montré que les souris invalidées présentent des défauts de la structure axonémale et de la mobilité des spermatozoïdes (Inaba, 2011) .................... 110
        1. Les gènes de dynéines axonémales .............................................................. 110
        2. Tektin-t (Tekt2) ............................................................................................. 112
        3. Les gènes Spag (sperm associated antigen) .................................................. 113
        4. *Agtpbp1 (Nna1)* ........................................................................................... 115
        5. *Jund1* (Jun proto-oncogene related gene d) ................................................ 116
        6. *Pol-λ/Dpcd* (deleted in primary ciliary dyskinesia) ...................................... 116
        7. Pgs1 (phosphatidylglycerophosphate synthase 1) ......................................... 117
        8. *Ube2b* (ubiquitin-conjugating enzyme E2B) ................................................ 117
        9. *Gopc* (golgi associated PDZ and coiled-coil motif containing) .................... 118
        10. Le gène *Spef2* ............................................................................................. 118
        11. Le gène *RSPH9* .......................................................................................... 119

**II. Identification de nouveaux gènes impliqués dans le phénotype des anomalies flagellaires** ............................................................................................................... 120
    *PATIENTS ET MATERIELS* ................................................................................................ 120

**I. Les échantillons biologiques** ................................................................................ 120
    *METHODES* .......................................................................................................................... 123

**I. La recherche du gène d'intérêt** ............................................................................ 123
    *A. La stratégie de recherche du gène candidat par la méthode d'homozygotie par filiation* ......................................................................................................................... 123

 B. *Analyse de liaison par matrices de sondage Affymétrix :* .................................................. *125*
 C. *PCR et Séquençage de tous les exons-jonction intron/exons des gènes candidats* .............. *126*

**II. Confirmation de l'implication des gènes candidats** ............................................................ **127**
 A. *RT-PCR* ................................................................................................................................. *127*
 B. *Marquage des spermatozoïdes humains par un anticorps anti-DNAH1 (gène candidat)* .............................................................................................................................. *128*
  1. Lavage du sperme congelé ............................................................................................. 128
  2. La concentration ............................................................................................................. 129
  3. Préparation des lames .................................................................................................... 129
  4. Fixation au Paraformaldéhyde (PFA) ............................................................................ 129
  5. Saturation des sites antigéniques et incubation avec l'anticorps primaire .................... 130
  6. Saturation des sites antigéniques et incubation avec l'anticorps primaire .................... 130
  7. Incubation avec l'anticorps primaire .............................................................................. 130
  8. Incubation avec l'anticorps secondaire .......................................................................... 131
  9. Marquage du noyau ........................................................................................................ 131
  10. Préparation pour l'observation ...................................................................................... 131
  11. Préparation des grilles pour une observation en microscopie électronique à transmission des spermatozoïdes du patient P2 ........................................................................................... 131

<u>RESULTATS</u> ................................................................................................................................ 133

**I. Résultats du génotypage par puce ADN des patients étudiés et recherche de régions d'homozygotie** ............................................................................................................... **133**
 A. *Le 1er gène candidat : KIF9* .................................................................................................. *135*
  1. Description du gène *KIF9* .............................................................................................. 135
  2. Résultats du séquençage du gène *KIF9* ......................................................................... 136
  3. Recherche du variant trouvé par HRM (High Resolution Melting) .............................. 137
 B. *Le 2ème gène candidat : SPAG4* ............................................................................................ *138*
  1. Description du gène *SPAG4* .......................................................................................... 138
  2. Résultats du séquençage du gène *SPAG4* ..................................................................... 138
 C. *Le 3ème gène candidat : DNAH1* ........................................................................................... *138*
  1. Description du gène *DNAH1* ........................................................................................ 139
  2. Résultats du séquençage du gène *DNAH1* ................................................................... 141
  3. La mutation faux sens p. [Asp1293Asn] ........................................................................ 141
  4. La mutation run-on c. [12796T>C] ................................................................................ 144
  5. La mutation d'épissage [c.5094+1G>A] ........................................................................ 145
  6. La mutation d'épissage [c.11788-1G>A] ...................................................................... 148
  7. Conclusion générale sur le résultat du séquençage du gène *DNAH1* chez tous les patients avec des anomalies flagellaires : ............................................................................................... 152

**II. Résultats du marquage des spermatozoïdes du patient P2 à l'anticorps anti-DNAH1** ........................................................................................................................................ **153**

**III. Résultats de l'observation en microscopie électronique des spermatozoïdes du patient P1** ..................................................................................................................................... **158**
  <u>DISCUSSION</u> ..................................................................................................................... 163
  <u>CONCLUSION</u> .................................................................................................................. 162

# Etude Bibliographique

Etude bibliographique

## I. LA SPERMATOGENESE NORMALE

La spermatogenèse est le processus de différenciation cellulaire qui, à partir de cellules souches, aboutit à la production de spermatozoïdes. Il s'agit d'un processus long qui commence à la puberté et se poursuit pendant toute la vie. Il se déroule dans les tubules séminifères testiculaires. La spermatogenèse, qui nécessite une température testiculaire de 32°C à 35°C procède par des cycles spermatogénétiques qui durent chacun 74 jours environ.

### A. La spermatogenèse

La spermatogenèse commence au niveau de la couche basale de l'épithélium des tubes séminifères par la prolifération des spermatogonies et leur différenciation en spermatocytes I pendant la $1^{ère}$ phase appelée phase mitotique. Les spermatocytes I subissent par la suite deux divisions méiotiques pour se transformer en spermatocytes II puis en spermatides rondes haploïdes. La méïose comprend deux étapes : une division réductionnelle qui correspond à la réduction du matériel génétique de moitié donnant les spermatocytes II, puis une division équationnelle. Chez l'homme, le nombre de spermatides produit par chaque spermatocyte ne correspond pas au rendement maximal de 4 pour 1, car 25 % des cellules germinales dégénèrent entre le stade spermatocyte I et le stade spermatide.

### B. La spermiogenèse

Les spermatides ainsi formées subissent une étape de différenciation caractérisée par une morphogenèse complexe qui les transforme en spermatides allongées puis en spermatozoïdes. La spermiogénèse correspond à la réorganisation du noyau, le développement et la mise en place de l'acrosome, la formation du flagelle et la réorganisation du cytoplasme. La spermiogenèse se déroule au niveau de l'épithélium séminifère dans des logettes formées par les cellules de Sertoli. Elle comporte les stades suivants (Wheater *et al.*, 2004) :

1- L'appareil de Golgi élabore des vésicules acrosomiales, dans lesquelles s'accumulent des hydrates de carbone et des enzymes hydrolytiques.

2- Les vésicules acrosomiales transitent par le réticulum endoplasmique et s'appliquent contre un pôle du noyau et fusionnent progressivement pour former une structure appelée cape acrosomiale ou capuchon céphalique. En parallèle, le noyau commence à s'allonger dans le sens antérocaudal.

3- Pendant ce temps, les deux centrioles migrent vers le pôle cellulaire opposé à la cape acrosomiale. Le centriole disposé parallèlement au grand axe du noyau s'allonge formant une structure faite de neuf doublets de microtubules périphériques et d'un doublet central. Cette structure s'appelle l'axonème. Elle constituera l'axe du flagelle.

4- En parallèle, une structure faite de neuf fibres longitudinales se développe à partir du second centriole et se place autour de l'axonème. Des stries fibreuses se disposent ensuite de façon circonférentielle formant une gaine fibreuse le long du flagelle.

5- Le cytoplasme migre pour entourer la portion initiale du flagelle emportant avec lui les organites cellulaires. La migration du cytoplasme concentre les mitochondries autour du flagelle. Ces dernières se disposent en une gaine mitochondriale de forme hélicoïdale spiralée autour de la portion initiale de la queue.

6- Au terme de la spermiogenèse, le cytoplasme en excès ainsi que les restes d'organites cellulaires, appelés corps résiduels, sont phagocytés par la cellule de Sertoli et la spermatide mature est libérée dans la lumière des tubes séminifères.

# Etude bibliographique

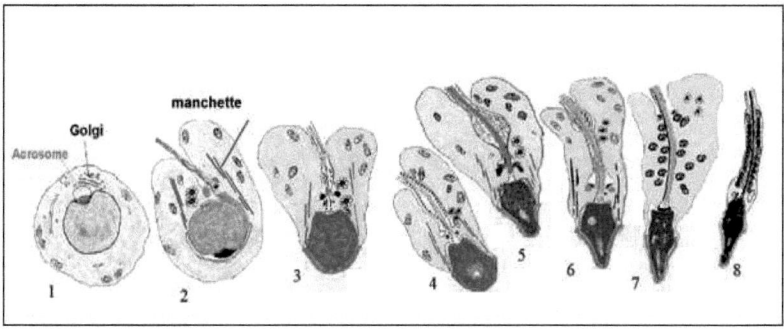

**Figure 1** : Etapes de la spermiogénèse humaine: **1.** La spermatide immature avec un gros noyau arrondi. La vésicule acrosomale est attachée au noyau, l'ébauche du flagelle n'atteint pas le noyau. **2.** La vésicule acrosomale a augmenté de taille et apparaît aplatie au niveau du noyau. Le flagelle entre en contact avec le noyau. **3–8.** Formation de l'acrosome, condensation du noyau et développement des structures flagellaires. **8.** La spermatide mature est libérée de l'épithélium séminifère. Dessins semi-schématiques à partir de micrographies électroniques (Holstein and Roosen-Runge, 1981).

## II. La structure du spermatozoïde de mammifère

Le spermatozoïde est une cellule allongée de 100 à 150 µm de long comportant trois parties : la tête, le col et la queue. Cette dernière partie est subdivisée en trois segments : la pièce intermédiaire, la pièce principale et la pièce terminale.

### A. La tête du spermatozoïde

La tête du spermatozoïde possède la forme de poire aplatie mesurant environ 8 µm sur 4 µm. Le noyau, qui occupe la plus grande partie de la tête, est constitué d'une chromatine très condensée. Il comporte cependant un certain nombre de zones où la chromatine est beaucoup plus dispersée appelées vacuoles nucléaires. La partie antérieure du noyau est coiffée par l'acrosome.

## Etude bibliographique

L'acrosome, un organite intracellulaire dérivé de l'appareil de Golgi, est une vésicule géante de sécrétion qui s'établit comme un capuchon couvrant environ les deux tiers de la partie antérieure du noyau (Fawcett, 1970).

Dans les spermatozoïdes des mammifères, la forme de l'acrosome est hautement variable d'une espèce à l'autre, mais dans toutes les espèces étudiées il contient une grande diversité d'enzymes actives telles que la hyaluronidase, des protéases dont la plus connue est l'acrosine (une protéinase «trypsin-like»), la phosphatase acide, des phospholipases A2 et l'arylsulphatase (Buffone *et al.*, 2008).

Au cours de la fécondation, ces enzymes permettent une meilleure pénétration des spermatozoïdes à travers les cellules de la *corona radiata* et déstabilisent la zone pellucide, couche protéique entourant l'ovocyte et la protégeant des agressions.

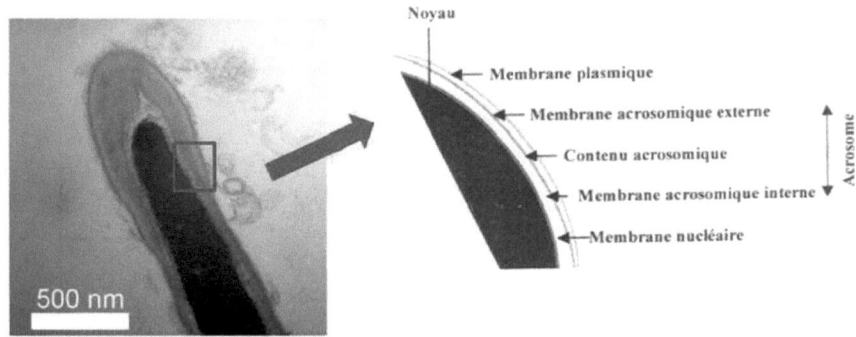

**Figure 2 :** Coupe longitudinale de la tête de spermatozoïde de souris et sa représentation schématique d'après des observations au microscope électronique. La tête du spermatozoïde est constituée : d'une membrane plasmique, d'un espace périacrosomique, d'une membrane acrosomique externe, d'un contenu acrosomique, d'une membrane interne acrosomique, d'un espace sous acrosomique et d'un noyau haploïde.

Etude bibliographique

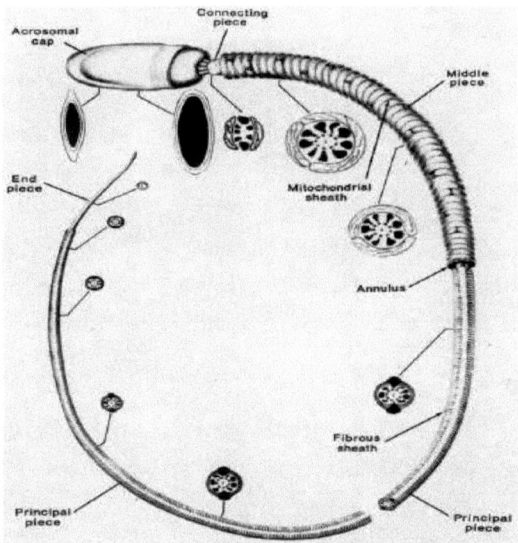

**Figure 3 : Représentation schématique d'un spermatozoïde de mammifère.** (Fawcett, 1975)

## B. Biogenèse de l'acrosome

L'acrosome est une grande vésicule de sécrétion unique délimitée par une double membrane interne et externe autour de la matrice acrosomiale. Il couvre les 2/3 antérieurs du noyau des spermatozoïdes matures. Son rôle est fondamental dans le processus de la fécondation.

L'acrosome est doté d'une fonction exocytique. En effet au moment de la fécondation, le contact du spermatozoïde avec la zone pellucide de l'ovocyte induit une cascade d'événements caractérisée par la fusion de la membrane acrosomiale avec la membrane plasmique, suivie par la libération des enzymes protéolytiques permettant de déstabiliser les protéines de la zone pellucide.

L'acrosome de mammifère contient des produits sécrétés semblables à ceux retrouvés dans divers lysosomes (Moreno *et al.*, 2006) : protéinases, hyaluronidase, sulfatase, acide phosphatase, DNAse, RNAse, mais également des molécules spécifiques comme HSA-63, la pro-acrosine, la pro-enképhaline, FA-2, SP-10, ZRK, PH-20, Acrin1 (Oh-Oka *et al.*, 2001).

Certains de ces produits sont synthétisés au stade du spermatocyte pachytène et stockés dans des granules dites pro-acrosomiques. Ces granules ne sont pas acheminées à la membrane plasmique comme de classiques granules de sécrétion. Ils restent attachés probablement au niveau trans-golgien jusqu'à la fin de la méïose. Ils ne fusionnent ni avec la membrane plasmique ni les unes avec les autres avant le stade spermatide ronde.

L'acrosine est une protéinase sérine spécifique qui intervient dans le processus de fusion du spermatozoïde à la zone pellucide puis de son franchissement par un phénomène de protéolyse (Tulsiani *et al.*, 1998 ; Saling, 1989). Synthétisée initialement sous forme inactive, la proacrosine, se convertit en acrosine durant la spermiogenèse (Kashiwabara *et al.*, 1990).

L'étude de certains modèles murins a permis de préciser certains points de l'attachement des vésicules golgiennes entre elles, aux microtubules et à l'acroplaxome (Meistrich *et al.*, 1992 ; Mochida *et al.*, 1999) : Chez la souris un total de 8 protéines ont été décrites comme étant impliquées dans un phénotype de globozoospermie. Le 1er groupe est composé de 4 protéines : Pick1, Gopc, Vps54 et Hrb. Ce groupe contient des protéines qui contrôlent la fusion des vésicules golgiennes et qui sont nécessaires à la formation de l'acrosome. La 2ème série de protéines contient Zpbp1, Ck2α', Hsp90b1 et Gba2. Cette série contient des protéines qui possèdent une fonction et une localisation cellulaire différentes (Pierre *et al.*, 2012).

Des études récentes ont mis en évidence un lien entre la biogenèse de l'acrosome et l'établissement de la forme de la tête des spermatides, en particulier la relation entre l'absence d'acrosome et la forme globuleuse de la tête spermatique. En effet, la biogenèse de l'acrosome est étroitement liée à celle de la manchette, élément clé de l'élongation spermatidique (Kierszenbaum and Tres, 2004 ; Pierre *et al.*, 2012).

Etude bibliographique

1. **Description et mécanismes des différentes phases de la biogenèse de l'acrosome :**

D'après la description de Moreno *et al.* (2000) nous distinguons 4 phases dans la biogenèse de l'acrosome: la phase Golgi, la phase de la coiffe, la phase de l'acrosome et la phase de maturation.

*a. La phase Golgi :*

Lors de cette phase des vésicules golgiennes pro-acrosomiales se fixent à la surface de l'enveloppe nucléaire, au niveau de la plaque acrosomale, et confluent en un sac aplati qui se fixe sur l'acroplaxome (figure 4). Cette dernière est une structure qui est présente dans l'espace entre le noyau en allongement et l'acrosome en formation. Elle est composée principalement de microfilaments d'actine, de kératine 5 et de Myosine Va, délimité à sa partie postérieure par un anneau dit « marginal » présentant une structure proche des desmosomes, très riche en K5 et en Myosine Va associée probablement à Rab 27a/b par MyRIP (Kierszenbaum and Tres, 2004).

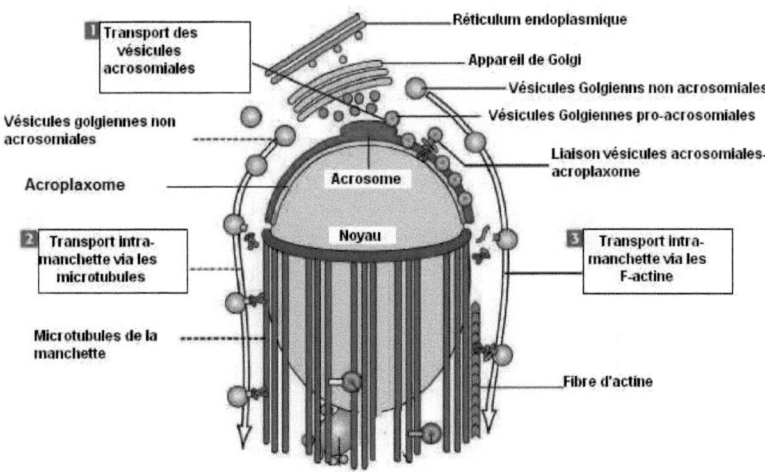

7

Etude bibliographique

**Figure 4 : Formation de l'acrosome** : Pendant la phase Golgi les vésicules cis-golgiennes rejoignent l'acroplaxome (formation rigide en forme de bouclier localisé à la jonction entre le noyau et l'acrosome). Le transport des vésicules pro-acrosomiales est assuré par des microtubules. Des filaments d'actine semblent impliqués dans le transport des vésicules se déplaçant vers la manchette. A la phase de la coiffe, les vésicules non acrosomiales sont acheminées vers la manchette (Kierszenbaum and Tres, 2004).

Toutes les vésicules dérivant de l'appareil de Golgi sont acheminées par les microtubules et les microfilaments d'actine (Kierszenbaum and Tres, 2004). Dans toutes les cellules, le réseau microtubulaire apparaît comme le partenaire indispensable à l'appareil de Golgi et ses dérivés comme les vésicules de sécrétion qui se déplacent par voie de microtubules (Moreno and Alvarado, 2006). Dans les spermatides de mammifères, l'organisation des microtubules présente un réseau dense de fibres de microtubules, à la partie corticale de la cellule, sans évidence de centrosome. Par la suite, le réseau de microtubules se concentrera autour du noyau (Moreno *et al.,* 2000).

Outre l'appareil filamentaire, le transport des vésicules proacrosomiales requièrt des protéines motrices qui sont les kinésines et la dynéine pour la voie microtubulaire et la myosine Va pour la voie des microfilaments d'actine. En fait, le transport par voie de microfilaments d'actine nécessite 3 éléments : un récepteur vésiculaire (Rab 27 a/b), une molécule motrice (Myosine Va) et une molécule recrutant les myosines (MyRIP pour Myosin Va-Rab Interacting Protéine) (figure 5).

**Figure 5 :** Complexe vésicule-moteur empruntant la voie des microtubules et celle des filaments d'actine.

# Etude bibliographique

Les vésicules proacrosomiales issues du Cis-Golgi ainsi acheminées atteignent la surface nucléaire, et constituent un sac acrosomial amarré à l'acroplaxome.

### b. La phase de la coiffe :

Au cours de cette phase il se produit une augmentation de volume du sac qui est la conséquence de la fusion de nouvelles vésicules cis-golgiennes. Parallèlement à cette formation du sac acrosomial, des vésicules non-acrosomiales se détachent du Golgi et sont acheminées au pôle postérieur de la tête spermatique (Figure 4).

Tous les spermatozoïdes produits par les souris mutantes Hook1 -/- ou azh (pour **a**bnormal **s**perm **h**ead) présentent un acrosome systématiquement très fragmenté. Moreno et coll ont montré que la protéine **Hook1** est impliquée dans la fusion des vésicules entre elles (Moreno *et al.*, 2006).

### c. La phase de l'acrosome :

Durant cette phase, le sac acrosomial s'aplatit et diffuse jusqu'aux 2/3 antérieurs du noyau. Le réseau cortical de microtubules disparaît, et les fibres de microtubules commencent à s'assembler à la surface nucléaire au pôle opposé à l'acrosome. Les microtubules s'orientent alors parallèlement à l'axe principal de la spermatide, autour du noyau. Elles s'insèrent au niveau de l'anneau péri-nucléaire, plus postérieur que l'anneau marginal de l'acroplaxome. Constituant alors la manchette, ce réseau de microtubules reste lié au noyau jusqu'à la phase de maturation (figure 6).

Etude bibliographique

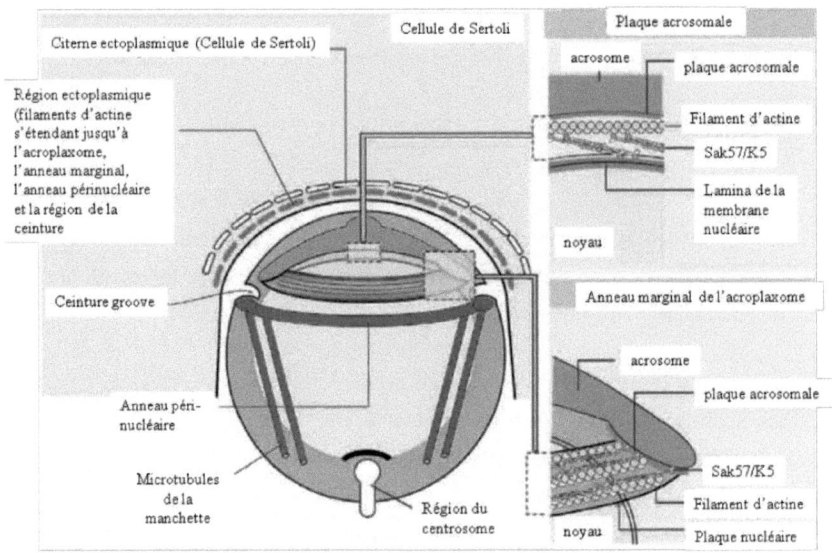

**Figure 6 :** Représentation schématique de la plaque acrosomale et de son anneau marginal, de l'anneau périnucléaire et des microtubules de la manchette s'y attachant (Kierszenbaum and Tres, 2004).

Pendant que la biogenèse de l'acrosome progresse par accumulation de vésicules proacrosomiales fusionnant entre elles, les vésicules transgolgiennes sont acheminées (par microtubules et microfilaments d'actine jusqu'au pôle postérieur du noyau pour constituer le reste cytoplasmique).

*d. La phase de la maturation :*

Pendant cette phase, la forme de l'acrosome change peu, les modifications sont essentiellement fonctionnelles correspondant à une augmentation du pouvoir fécondant des spermatozoïdes.

Parallèlement à la formation de l'acrosome et du reste cytoplasmique, la manchette se développe (Courtens, 1982). Dans de nombreuses espèces, la manchette a été décrite comme un composant des spermatides apparaissant juste avant et

# Etude bibliographique

disparaissant juste après l'allongement du noyau. La manchette est une structure essentiellement constituée de tubuline alpha et delta. Les microtubules qui composent la manchette sont assemblés en tubes disposés de façon concentrique, connectés les uns aux autres et stabilisés par des liens inter-microtubules (figure 7).

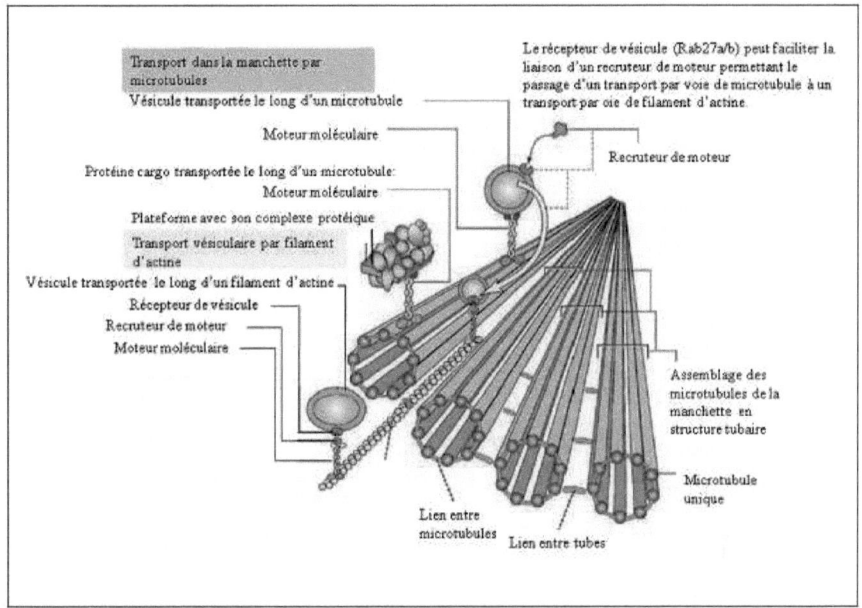

**Figure 7 :** Représentation schématique des mécanismes de transport dans la manchette

Nous distinguons un transport de vésicules et de protéines lié aux microtubules et un autre lié aux filaments d'actine. Les recruteurs de moteurs (myosine Va ou VIIa) peuvent être déterminants pour le transport des vésicules, leur permettant de passer du système microtubulaire au système des microfilaments d'actine (flèche banche). Le squelette microtubulaire de la manchette consiste en un assemblage de structures tubaires formé de microtubules arrangés de façon concentrique et connectés les uns aux autres par des liens entre microtubules. Les structures tubaires adjacentes sont également stabilisées par un lien. Des fibres d'actine ont également été mises en évidence le long de cette formation tubaire (figure 7), disposées en cercles parallèles concentriques autour du tiers supérieur de la tête de la spermatide (Kierszenbaum *et al.*,

2004) (figure 8). Le raccourcissement des boucles d'actine et des deux anneaux marginal et péri-nucléaire se traduit par une constriction progressive et un allongement du noyau de la spermatide (Figure 8).

L'acroplaxome, formation rigide en forme de bouclier localisé à la partie antérieure du noyau s'oppose modérément à l'effet constricteur des ceintures d'actine. La dynamique des fibres d'actine du cytosquelette est sous le contrôle de tyrosines kinases.

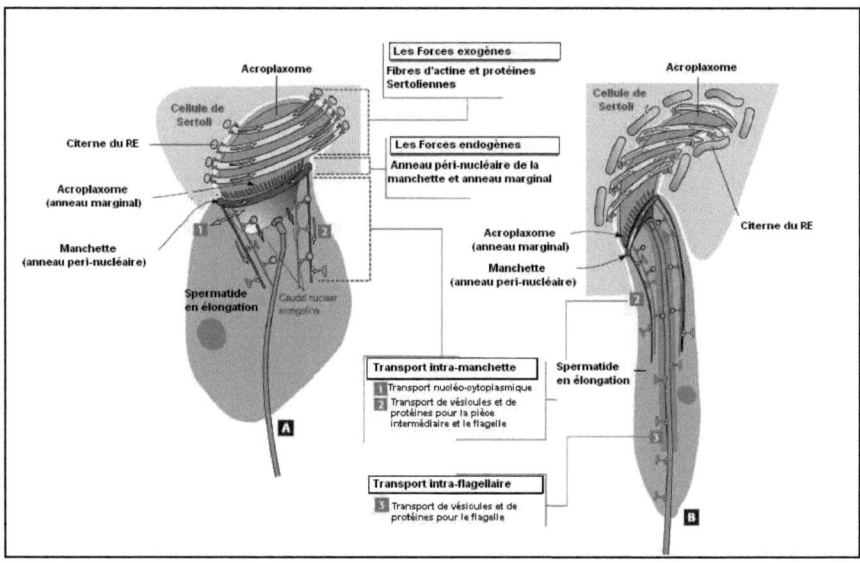

**Figure 8 : Morphogenèse de la tête spermatidique** : L'allongement de la tête des spermatides est la conséquence de l'étranglement de la tête en raison du rétrécissement des boucles d'actine, sous contrôle de la cellule de Sertoli. Ces boucles d'actine sont en liaison avec les citernes calciques de la cellule de Sertoli. Parallèlement, le rétrécissement de l'anneau péri-nucléaire et son déplacement vers l'arrière sous l'effet de traction des microtubules accentuent cet allongement (Kierszenbaum and Tres, 2004).

## C. Le flagelle

Les spermatozoïdes sont les plus divergents de tous les types de cellules, probablement parce qu'ils réalisent leur mission en dehors du corps, où ils sont exposés à plusieurs barrières physiques et chimiques. Pour surmonter ces obstacles les spermatozoïdes doivent évoluer morphologiquement et fonctionnellement. Au cours de l'évolution, les structures internes du flagelle comme l'axonème ont bien été conservées. Chez les mammifères ainsi que chez d'autres vertébrés, le flagelle possède des structures accessoires entre l'axonème et la membrane plasmique.

### 1. Origine du flagelle

Trois hypothèses différentes ont été proposées pour essayer de donner une explication à l'origine du flagelle (cil) eucaryote.

En 1981, Margulis a proposé la fusion d'un modèle de symbiose (spirochète) avec les cellules biologiques, cependant aucune preuve de comparaison génomique n'a été trouvée pour soutenir une ascendance spirochète du protéome ciliaire (Satir *et al.*, 2008).

La deuxième hypothèse propose une origine endogène des flagelles (cils) (Carvalho-Santos *et al.*, 2011 ; Satir and Christensen, 2007) . L'évolution d'une simple protrusion cellulaire sous-tendue par des microtubules et un système de moteurs associés (dynéines et kinésines). Ces protéines étaient primitivement utilisées pour ramper ou pour transmettre des nutriments. Ces types d'utilisation du flagelle sont observés chez de nombreux flagellés benthiques ainsi que chez certaines cellules Métazoaires (figure 9). L'acquisition de la mobilité propre du flagelle (par battement), et sa régulation par un complexe organisé autour d'une paire de microtubules située au centre de l'axonème semblent avoir apporté un grand avantage puisque cette acquisition ancestrale chez les eucaryotes s'est maintenue dans la très grande majorité des espèces flagellées actuelles.

La 3$^{ème}$ hypothèse, relativement nouvelle, attribue un rôle de soutien au cytoplasme eucaryote. Dans cette hypothèse le cytoplasme est l'hôte d'un virus qui devient le centriole primitif (Satir *et al.*, 2007).

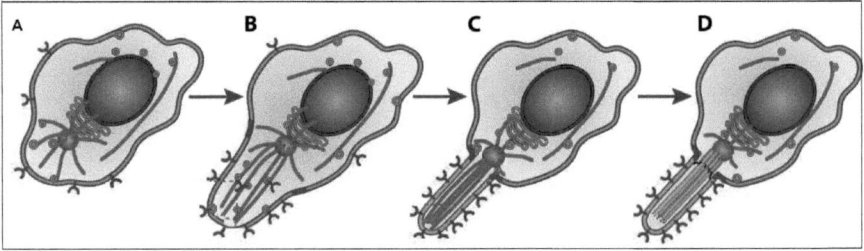

**Figure 9 : Scénario de la formation du flagelle.** A) la cellule eucaryote possède un cytosquelette composé de microtubules et d'actine qui ont convergé en une structure spécialisée et un système de moteurs associés. B) La formation d'une protrusion qui va devenir par la suite une structure spécialisée avec la composition de membrane spécifique maintenue par des barrières de diffusion. C) Un système d'IFT (IFT pour Intra-flagellar Transport) a été recruté pour assembler ces structures. D) Le faisceau de microtubules a évolué en un axonème, une structure spécialisée, capable de flexion due à la présence de moteurs moléculaires (Carvalho-Santos *et al.*, 2011).

2. Structure du flagelle

Des analyses ultra-structurales ont permis de distinguer trois parties dans le flagelle du spermatozoïde humain :

- La pièce intermédiaire qui comporte en plus de l'axonème un ensemble de neuf faisceaux de fibres denses, chacun apparié à un doublet périphérique, le tout étant enchâssé dans une gaine de mitochondries fournissant l'énergie (sous forme d'ATP) aux moteurs de dynéines.
- La pièce principale est relativement longue, dans laquelle les mitochondries ont disparu et où les fibres denses sont en grande partie résorbées. L'axonème est

alors entouré d'une gaine fibreuse organisée à partir de deux colonnes longitudinales appariées aux doublets 3 et 8.
- La pièce terminale est située au niveau de l'extrémité distale du flagelle et ne contient que l'axonème (Inaba, 2003 ; Denise, 2003) (figure 10).

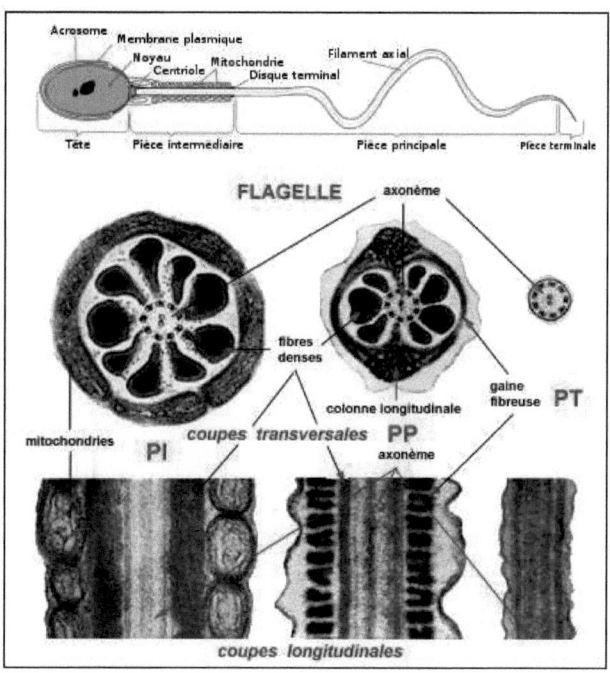

**Figure 10 : Structure du flagelle d'un spermatozoïde humain. Coupes transversales et coupe longitudinale en microscopie électronique.** Le flagelle se compose de trois parties : la pièce intermédiaire, contenant les mitochondries, la pièce principale et la pièce terminale. L'axonème, en position centrale, parcourt tout le flagelle. Des structures périaxonèmales sont observables : les fibres denses dans la pièce intermédiaire et principale, et la gaine fibreuse dans la pièce principale seulement.

Etude bibliographique

*a. L'axonème*

Le flagelle se développe dès les phases précoces de la spermiogenèse. Sa formation commence par l'allongement de l'axonème à partir d'un des deux centrioles. L'axonème est la structure pivot du flagelle, c'est un complexe microtubulaire entouré de fibres denses externes (ODF) et de mitochondries (M) au niveau de la pièce intermédiaire, et d'une gaine fibreuse (FS) au niveau de la pièce principale (figure 10). L'axonème consiste en une paire centrale entourée de 9 doublets périphériques de microtubules auxquels sont associées de nombreuses protéines (Ho and Suarez, 2001) comme la dynéine (protéines moteurs du mouvement), la tektine, ou la néxine (figure 11).

La composition moléculaire de l'axomème a surtout été étudiée dans le sperme (1) d'invertébrés marins tels que les oursins, les tuniciers et (2) les protistes tels que les Chlamydomonas, Tetrahymena, la paramécie et plus récemment Trypanosoma et Leishmania (Gull, 1999). Le flagelle du Chlamydomonas a été un excellent modèle pour l'étude de la ciliogenèse et des composantes moléculaires de l'axonème.

Des études sur des mutants de Chlamydomonas sont devenues la base de la connaissance de la composition moléculaire de l'axonème flagellaire, bien que les protéines dans la construction et la réglementation de chaque sous-structure diffèrent de celle dans le sperme des espèces de métazoaires (Inaba, 2007).

Etude bibliographique

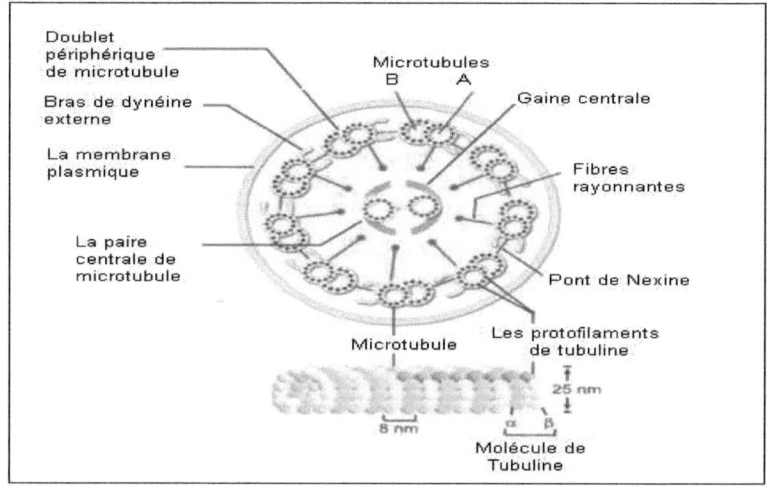

**Figure 11 : Structure de l'axonème du flagelle d'un spermatozoïde de mammifère.**
L'axonème est constitué d'un cercle de 9 doublets microtubulaires et d'une paire centrale composée de deux microtubules. Les microtubules de l'axonéme sont formés par association d'unités de tubuline $\alpha$ et $\beta$. Les différents doublets sont associés entre eux par des ponts de nexine. Les microtubules A sont reliés à la gaine centrale par des fibres rayonnantes. Les microtubules A portent les bras de dynéine (Inaba, 2007).

### 3. Les acteurs de la force motrice

Au niveau du flagelle de spermatozoïde la force motrice provient du travail mécanique exercé par des moteurs moléculaires de la famille des dynéines qui se trouvent sur le tubule A des doublets périphériques de l'axonème. Cette activité motrice semble être régulée et coordonnée par des complexes associés à la paire centrale de microtubules et aux complexes des dynéines périphériques (figure 11).

#### a. Les dynéines axonémales

En 1959, Gibbons a découvert les dynéines axonémales (Gibbons, 1996). Ce sont des ATPases de haut poids moléculaire 1-2 MDa, qui sont responsables du

## Etude bibliographique

mouvement de l'axonème. Chaque doublet de microtubule périphérique porte deux types de complexes de dynéines, nommés en fonction de leur position relative sur le microtubule A.

On distingue les bras de dynéines externes (ODA pour Outer Dynein Arm) situés du côté de la membrane plasmique et les bras de dynéines internes (IDA pour Inner Dynein Arm) situés du côté des microtubules centraux (figure 12). Les bras externes et internes de dynéine sont des complexes multiprotéiques formés d'une vingtaine de sous unités protéiques (Cosson, 1996 ; Inaba, 2003 ; Turner, 2006).

Des études chez *Chlamydomonas reinhardtii* (Yamamoto *et al.*, 2006 ; King *et al.*,2000), algue unicellulaire biflagellée, et chez l'oursin ont permis de caractériser la structure des bras externes de dynéines axonémales. Elles sont composées de deux chaînes lourdes α et β (500 kDa) (trois pour *Chlamydomonas reinhardtii*), de deux à cinq chaînes intermédiaires (120-60 kDa) et de six chaînes légères (30-80 kDa) (dix pour *Chlamydomonas Reinhardtii*).

Les bras de dynéines internes sont composés comme les bras externes de chaînes lourdes (deux à six selon les espèces), de chaînes intermédiaires (trois à cinq) et de chaînes légères (deux à huit) (Figure 12). Les anneaux de la tête de chaque chaine lourde sont parallèles les uns aux autres et semblent changer de configuration lors de l'hydrolyse de l'ATP. Les bras de dynéine externes sont disposés à des intervalles de 24 nm sur chaque microtubule. Cet ancrage implique une structure appelée ODA-DC (pour outer dynein arm-docking complex). C'est un complexe composé par trois polypeptides DC1, DC2 et DC3. DC1 et DC2, qui servent probablement dans l'échelle des intervalles réguliers pour dynéines. En comparaison aux bras de dynéines externes, les bras de dynéines internes sont plus divergents entre différentes espèces.

Le sperme des invertébrés marins a longtemps été étudié afin de déterminer la composition moléculaire de l'axonème du flagelle et les mécanismes de la motilité flagellaire. Il existe des différences entre le Chlamydomonas et le flagelle du spermatozoïde tels que les protéines associées aux ODA. Le flagelle de spermatozoïde contient une chaine intermédiaire unique (IC) contenant les domaines Thiorédoxine et

## Etude bibliographique

NDK (TNDK-IC) alors que pour le Chlamydomonas ce même domaine se trouve au niveau des chaines légères LC3 et LC5 (Padma *et al.*, 2001 ; Sadek *et al.*, 2001).

Chez les Tuniciers (*Ciona i*), les Salmonidés et les Mollusques les BDE contiennent deux ou trois autres chaines intermédiaires, ces IC ont récemment été identifiées comme étant des protéines à superhélice (coiled-coil proteins) présentant des similitudes avec une sous unité DC2 des ODA-DC chez le Chlamydomonas.

Dans les spermatozoïdes de Ciona une protéine de 66 kDa a été localisée au niveau des bras de dynéine externe et montre une homologie avec DC2. Une autre protéine appelée Ap58 semble être impliquée dans l'ancrage des bras de dynéine externe au niveau des microtubules de l'axonème chez les spermatozoïdes d'oursin de mer. En outre, aucune protéine de liaison au $Ca^{2+}$ n'a été retrouvée dans les bras de dynéines externes chez les métazoaires alors que chez le *Chlamydomonas* il existe des protéines de liaison au $Ca^{2+}$ au niveau des chaines légères LC4 et LC3. Une protéine appelée calaxine présentant une homologie de séquence avec le capteur neuronal au $Ca^{2+}$ (NCS pour Neuronal $Ca^{2+}$ sensor) a été identifiée au niveau des ODA chez Ciona.

Des études effectuées par Mizuno et collègues (Mizuno K *et al.*, 2009) ont montré que la calaxine interagit directement avec la dynéine et qu'elle est impliquée dans la régulation des ondes flagellaires et dans le chimiotactisme lors de la fécondation.

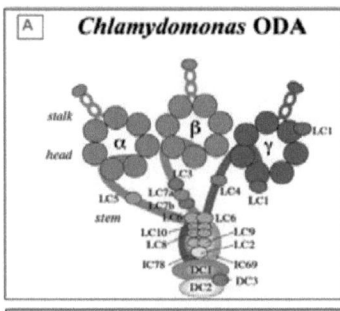
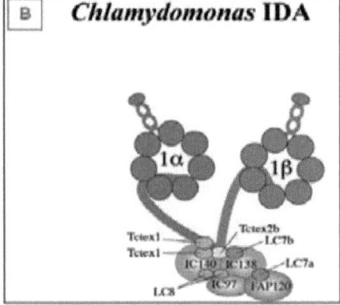

**Figure 12 : Représentation schématique des bras internes et externes de dynéines chez *Chlamydomonas reinhardtii*. A)** Les bras de dynéines externes sont composés par trois chaines lourdes (HC ; α, β, γ; ≈ 500 KDa), deux chaines intermédiaires (IC1, IC2 ; 78 et 69 KDa) et dix chaines légères (LC1-LC10 ; 22-8 KDa). **B)** Il existe au moins 7 sous-espèces de BDI. Les bras de dynéines internes sont composés par deux chaines lourdes (HCα et HCβ), trois chaines intermédiares (IC140, IC138 et IC97) et par cinq chaines légères (Tctex1, Tctex2b, LC7a, LC7b et LC8). La FAP (Flagellar Associeted Protein) est une protéine associée à cette sous-espèce de dynéine (King *et al.*, 2000).

Les chaines lourdes (HC ou DHC pour Dynein Heavy Chain) sont responsables de l'activité motrice des dynéines (Mazumdar *et al.*,,1996). La structure des DHCs est assez conservée. Chaque molécule de DHC dispose d'une partie C-terminale qui est formée par trois éléments :

- **Une tête globulaire** motrice d'environ 350 KDa, elle présente dans sa région centrale 6 domaines ATPasiques nommés AAA1-6 (ATPase Associated with cellular Activities) contenant chacun un motif P-loop. Le 1$^{er}$ domaine AAA1 est le seul qui permet l'hydrolyse de l'ATP (Kon *et al.*, 2004) (Figure 13).
- **Deux hélices** qui permettent la flexion et la mobilité de la dynéine.
- **Une petite unité globulaire** de liaison aux microtubules B.

La partie N-terminale des chaines lourdes forme la queue de la molécule et elle est impliquée dans l'homodimérisation de la DHC et dans l'interaction avec d'autres sous-unités de la dynéine (Habura et al., 1999 ; Tynan *et al.*, 2000).

## Etude bibliographique

Les chaines intermédiaires (IC ou DIC pour Dynein Intermediate Chain) ont été localisées par microscopie électronique à la base du complexe moteur (Steffen *et al.*, 1996). Au niveau du domaine N-terminale de la DHC se situe le site d'interaction de la DIC. Les DICs sont supposées permettre l'adressage du complexe moteur vers les organites à transporter (Vallee and Sheetz, 1996).

Les chaines légères (LC : Light Chain) se situent à la base du complexe moteur et semblent interagir directement avec les DICs (King *et al.*, 2002 ; Makokha *et al.*, 2002). Le rôle principal des LC est la régulation de l'activité de la dynéine par des interactions avec des protéines régulatrices dépendantes du calcium comme la calmoduline.

Des études ont révélé que certaines LCs telles que la LC8, identifiées dans une dynéine flagellaire de *Chlamydononas* (King and Patel-King, 1995), participent aux mécanismes généraux de régulation de différentes catégories d'enzymes.

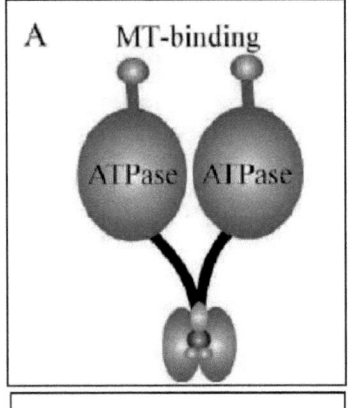
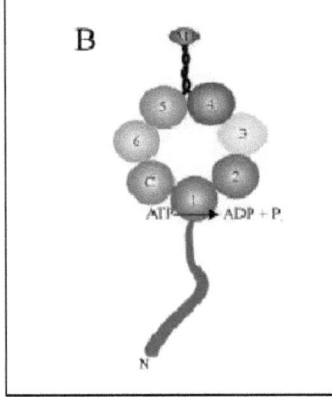

**Figure 13 : Organisation de la dynéine axonémale A)** Représentation schématique d'un bras de dynéine axonémal constitué de deux chaînes lourdes. La partie C-terminale de chaque chaîne lourde est constituée d'une tête globulaire contenant les sites ATPasiques, et d'une petite unité globulaire de liaison aux microtubules B (MT-binding). La base de la dynéine se compose de la partie N-terminale des chaînes lourdes, des chaînes intermédiaires qui augmentent l'interaction entre la dynéine et le microtubule A des chaînes légères. Les chaînes légères permettent l'ancrage du bras de dynéine au microtubule A et la régulation de l'activité de la dynéine. **B)** Représentation schématique de l'organisation d'une chaine lourde. La tête globulaire se compose de six domaines AAA (ATPase Associated with cellular Activities), dont le domaine catalytique de l'ATP est le domaine AAA1 (King, 2000).

*b. La paire centrale de microtubule*

Les ensembles protéiques qui sont associés à la paire centrale et la nature biochimique et structurale des deux microtubules font de ce complexe la structure asymétrique de l'axonème. Chez *C. reinhardtii*, le microtubule C1 porte deux projections longues et deux autres courtes, et le microtubule C2 présente lui trois projections (figure 14).

Ces décorations de la paire centrale sont constituées d'au moins 23 protéines, identifiées chez *Chlamydomonas* (Dutcher *et al.*, 1984). Les mutations de plusieurs d'entre elles provoquent une paralysie sévère des cellules, via la déstabilisation des

# Etude bibliographique

décorations ou des microtubules C1 et C2. Ces protéines du complexe de la paire centrale sont conservées depuis les protistes flagellés jusqu'aux mammifères.

Le modèle actuellement admis pour expliquer le battement coordonné efficace des flagelles de type 9+2 est le suivant : par défaut, l'activité des dynéines liées aux microtubules A des doublets périphériques est inhibée par un ensemble de protéines constituant le complexe régulateur des dynéines.

Le complexe de la paire centrale, distribue par l'intermédiaire des rayons des signaux qui lèvent l'inhibition sur les dynéines, et déclenche ainsi séquentiellement l'activité motrice dans la circonférence et dans la longueur du flagelle. Chez *Chlamydomonas*, la paramécie ou encore dans le flagelle du spermatozoïde d'oursin il a été montré que la paire centrale tourne dans l'axonème, ce qui explique très certainement l'activation séquentielle des bras de dynéines.

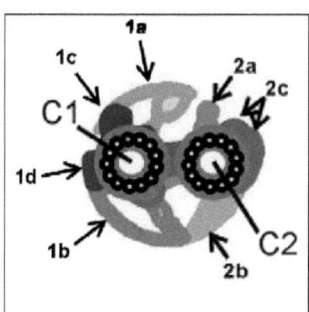

**Figure 14 : La structure de la paire centrale de microtubule chez *Chlamydomonas reinhardtii*** Les structures associées au microtubules C1 et C2 sont clairement asymétrique (Yokoyama *et al.*, 2004).

### c. Les ponts radiaires

Les ponts radiaires (PR) sont des projections issues des doublets périphériques qui viennent en contact des décorations de la paire centrale (figures 2 et 8). L'importance de ces éléments pour la motilité des cils et des flagelles a été montrée grâce à l'analyse de patients humains présentant une atteinte ciliaire (Witman *et al.*, 1978) et chez *Chlamydomonas* dans des mutants qui ont perdu la totalité du complexe formant ces ponts (Patel-King *et al.*, 2004).

## Etude bibliographique

Ils se répartissent longitudinalement dans l'axonème par paires espacées de 96 nm. Chez *Chlamydomonas*, il a été montré que les ponts radiaires sont composés d'au moins 23 protéines (RSP1 à RSP23) (Gaillard *et al.*, 2001). La protéine RSP3 (radial spoke protein 3) est un composant central de ces structures étant donné que l'expression d'une forme tronquée de cette protéine empêche l'assemblage des PR. RSP3 est une « AKAP », pour A-kinase anchor protein. Elle est localisée dans les PR à la jonction avec les doublets périphériques et à proximité des bras de dynéines internes, une position lui permettant de participer via l'action de la PKA (Protéine Kinase A) à la régulation de l'activité des bras de dynéines moteurs (Gaillard *et al.*, 2001)

L'analyse protéomique des ponts radiaires chez *Ciona* a permis d'identifier plusieurs éléments similaires à ceux observés chez *Chlamydomonas* tels que LRR37 (LRR pour Leucine-Rich Repeat), RS3, RSP4, RSP9, MORN40 (MORN pour Membrane Occupation and Recognition Nexus) et ARM37 (Armadillo Repeat Protein).

Deux protéines sont particulièrement présentes dans le flagelle des spermatozoïdes : une est nommée CMUB116 et contient trois motifs IQ et un domaine ubiquitine et l'autre est NDK/DPY26 et contient à la fois un domaine NDK et un domaine DPY-30. Aucun homologue de ces protéines trouvées chez *Ciona* n'est présent dans le génome du *Chlamydomonas*.

Si nous considérons que les bras de dynéines externes ainsi que les ponts radiaires sont nécessaires pour la mobilité axonémale il semble plus important d'un point de vue évolutif de conserver les domaines au sein des sous structures plutôt que de persister dans l'évolution moléculaire des orthologues. Ce phénomène appelé module de conservation-dominante (module-dominant conservation) explique que la conservation des domaines protéiques semble prendre le pas sur celle des protéines entières, ce qui peut finalement aboutir à la conservation morphologique et fonctionnelle des axonèmes à travers l'évolution.

### d. Les liens de nexines

Les liens de nexines sont présents en tant que structure conjonctive entre chaque doublet de microtubules. Ces liens contribuent à la résistance élastique responsable des glissements microtubulaires et de la flexion axonémale.

### e. Les complexes régulateurs des dynéines

Si toutes les dynéines axonémales étaient actives simultanément, aucun mouvement régulier et efficace ne pourrait être généré. Il existe des complexes protéiques localisés au niveau de la paire centrale de microtubules et des doublets périphériques, qui sont responsables de la régulation de l'activité des dynéines.

Le complexe de régulation des dynéines (DRC) est un complexe que l'on peut observer au niveau de la jonction entre les ponts radiaires (RS) et les bras de dynéines internes. Ce complexe DRC est considéré à la fois comme un complexe de fixation des bras de dynéines internes et la connexion entre les bras de dynéines internes, externes et les ponts radiaires.

Le complexe régulateur qui contrôle l'activité des dynéines a au moins deux niveaux. Un premier ensemble de protéines constitue le cœur d'un complexe régulateur des dynéines à la base des ponts radiaires, en contact du bras interne de dynéine (figure 8), et un second groupe comporte des protéines directement constitutives des bras de dynéines internes et externes. La trypanine, protéine décrite chez T. brucei, joue un rôle central dans l'assemblage des 7 protéines recensées jusqu'à présent dans le complexe régulateur des dynéines. Il est intéressant de remarquer qu'elle est conservée, non seulement dans toutes les espèces possédant des flagelles mobiles, mais qu'elle est aussi exprimée dans des types cellulaires non flagellés où elle aurait un rôle dans l'arrêt du cycle cellulaire selon un mécanisme encore non-élucidé (Hutchings *et al.*, 2002; Rupp and Porter, 2003).

Etude bibliographique

## 4. Les structures extra-axonémales

### a. Les fibres denses externes (ODF pour Outer Dense Fibre)

Au niveau de la pièce intermédiaire et de la pièce principale, les neuf fibres denses de longueurs variables entourent l'axonème. Les fibres denses apparaissent en cours de spermiogenèse, comme des prolongements des colonnes segmentées présentes au niveau du cou, structure cytosquelettique retrouvée juste sous le noyau (Clermont *et al.*, 1995). Elles sont composées de 14 polypeptides, de protéines de filaments intermédiaires, de protéines riches en cystéine ou en prolines.

Différentes équipes ont émis l'hypothèse selon laquelle ces fibres joueraient un rôle de maintien et d'élasticité du flagelle (Oko, 1988; Shao et al., 1997). Le développement des fibres denses a été bien étudié chez les spermatides de rat (Gaillard *et al.*, 2001) par EM et autoradiographie. Son processus de développement peut être divisé en trois phases.

Dans la première phase, neuf fibres très fines se développent en association avec les doublets de microtubules le long de la portion la plus proximale de l'axonème et augmentent progressivement en longueur dans une direction proximale à distale. Dans la deuxième phase les fibres augmentent soudainement de diamètre en raison du dépôt de matériels denses le long des ébauches des ODFs. Dans la dernière phase les fibres continuent leur maturation très lentement.

### b. La gaine de mitochondries

Au niveau de la pièce intermédiaire les mitochondries spermatiques sont disposées en spirale régulière et constituent le générateur énergétique (ATP) du spermatozoïde. La gaine de mitochondrie va produire, grâce au processus de phosphorylation oxydative, une partie de l'énergie nécessaire à la mobilité spermatique. La formation de la gaine de mitochondrie commence à la fin de la spermiogenèse.

Etude bibliographique

À ce jour, plusieurs modèles ont été proposés pour montrer ce processus de développement, parmi lesquels une étude a été faite par Ho et coll en 2007 chez la souris (Ho and Wey, 2007). Au stade 1, les mitochondries sont alignées et attachées sur les fibres denses externes autour de la pièce intermédiaire, formant quatre matrices dextres hélicoïdales. Durant ce stade les mitochondries possèdent une forme de sphère, une élongation dans le stade suivant va permettre aux mitochondries d'acquérir une forme de croissant. Par la suite ces dernières continuent à s'allonger et à tituber dans un modèle spécifique, qui transforme la gaine de mitochondrie en une structure hélicoïdale (Phillips, 1977).

*c. La gaine fibreuse de la pièce principale*

La gaine fibreuse est une structure qui entoure l'axonème et les fibres denses ODF au niveau de la pièce principale du flagelle. Elle se compose de deux colonnes longitudinales reliées entre elles par des stries de fibres (figure 15). Mis à part son rôle mécanique procurant une rigidité élastique ou structural déterminant l'amplitude et la fréquence du mouvement du flagelle, la gaine fibreuse agit également comme plateforme pour déclencher une cascade d'évènements de signalisation (Miki *et al.*, 2002) ou comme source d'enzymes glycolytiques (Mori *et al.*, 1992 ; Welch *et al.*, 1995). Ainsi, en plus d'un rôle purement structural, la gaine fibreuse semble jouer un rôle important dans la motilité du spermatozoïde (Eddy *et al.*, 2003). Récemment, des protéines ont été identifiées comme étant présentes au niveau de la gaine fibreuse. Elles ont été réparties en deux groupes: Les protéines AKAP (cAMP Kinase Anchoring Protein), font partie d'une famille de protéines d'ancrage, et les enzymes de la glycolyse. AKAP4 est un constituant majeur dans les voies de signalisation qui régulent la motilité des spermatozoïdes. Les souris déficientes en AKAP4 ont des spermatozoïdes qui présentent un défaut de la mobilité spermatique. Au niveau morphologique, la gaine fibreuse est déstabilisée et le flagelle raccourci (Miki *et al.*, 2002). Les enzymes de la glycolyse, notamment la lactate déshydrogénase (Burgos *et al.*, 1995), l'hexokinase de type 1 (Mori *et al.*, 1998) et la Glycéraldéhyde 3-phosphate déshydrogé ase (GAPDS) sont responsables de la majeure partie de la production de l'ATP, le reste étant assuré par les mitochondries présentes dans la pièce intermédiaire.

Etude bibliographique

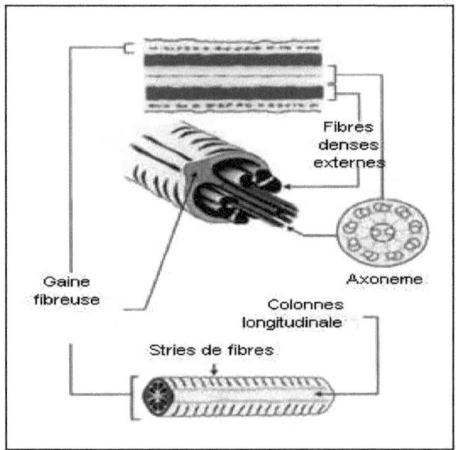

**Figure 15 : Représentation schématique de la gaine fibreuse.** La gaine fibreuse se compose de deux colonnes longitudinales reliées entre elles par des stries de fibre au niveau des doublets microtubules 3 et 8 de l'axonème (Eddy, 2007).

*d. L'annulus*

Au niveau de la jonction entre la pièce intermédiaire et la pièce principale du spermatozoïde de mammifère se trouve l'annulus, une structure en anneau, solidement fixée à la membrane flagellaire. L'annulus a été identifié il y a 100 ans et anciennement appelé « l'annulus de Jensen ». A faible grossissement, il apparait dense et homogène mais à fort grossissement il apparait comme étant composé de sous unités serrées (Fawcett, 1970).

Des observations par microscopie électronique ont décrit l'apparition de l'annulus dès les premiers stades du développement du flagelle du spermatozoïde (Cesario and Bartles, 1994). L'annulus est déjà formé lorsque l'axonème commence à s'étendre à partir du spermatozoïde. Il est initialement situé à la base du flagelle. Durant l'élongation de ce dernier l'annulus migre le long de l'axonème vers sa position finale au niveau de la jonction Pièce Intermédiaire (PI)- Pièce Principale (PP) (Figure 16).

Deux hypothèses ont longtemps été proposées concernant la fonction de l'annulus :

Il pourrait être impliqué dans l'organisation et la croissance du flagelle et de l'alignement des mitochondries le long de l'axonème (Ihara *et al.*, 2005) ou bien comme une barrière de diffusion (Kissel *et al.*, 2005).

Des preuves ont été récemment apportées à ces hypothèses à partir des analyses faites sur les deux protéines SEPT4 (septin4) et TAT1 (Testis Anion Transporter 1 ; SLC26A8). En effet, l'invalidation du gène *Sept4* a été associée à l'absence de l'annulus donnant comme résultat la disjonction entre la PI et la PP. On observe également une variabilité de la taille de la PI qui cause à son tour une distribution hétérogène des mitochondries (Ihara *et al.*, 2005; Kissel *et al.*, 2005).

La protéine TAT1 est un transporteur d'anions exclusivement exprimé dans le testicule adulte humain au niveau de la membrane plasmique des cellules germinales. En 2007 Touré et coll. ont observé chez la souris *Tat1*-/- des défauts majeurs de la structure du flagelle des spermatozoïdes associés à une absence de mobilité (asthénozoospermie) (Touré *et al.*, 2001 ; Touré *et al.*, 2007). Il a aussi été récemment montré que l'annulus du spermatozoïde, pourrait fonctionner comme une barrière de diffusion. Telle est la conclusion d'une analyse de la localisation de la Basigin (BSG) dans le modèle de souris invalidé pour Sept4. La BSG est une protéine qui diffuse sur toute la surface de la cellule et son emplacement change en fonction de l'état de maturation des spermatozoïdes. Ainsi, basigin est limitée à la pièce principale quand les spermatozoïdes se trouvent au niveau des testicules. Cette protéine se déplace vers la pièce intermédiaire au cours du transit des spermatozoïdes dans l'épididyme, et finalement lors de la capacitation ; la BSG se localise à côté de la tête du spermatozoïde. Les spermatozoïdes de souris Sept4-/- montrent une répartition anormale de la BSG sur la totalité de la membrane plasmique du spermatozoïde, y compris la tête (Kwitny *et al.*, 2010). Le manque de confinement spécifique de basigin en l'absence de l'annulus montre clairement que chez les spermatozoïdes normaux cette structure agit comme une barrière à la diffusion, empêchant la BSG de diffuser librement à travers la membrane plasmique des spermatozoïdes.

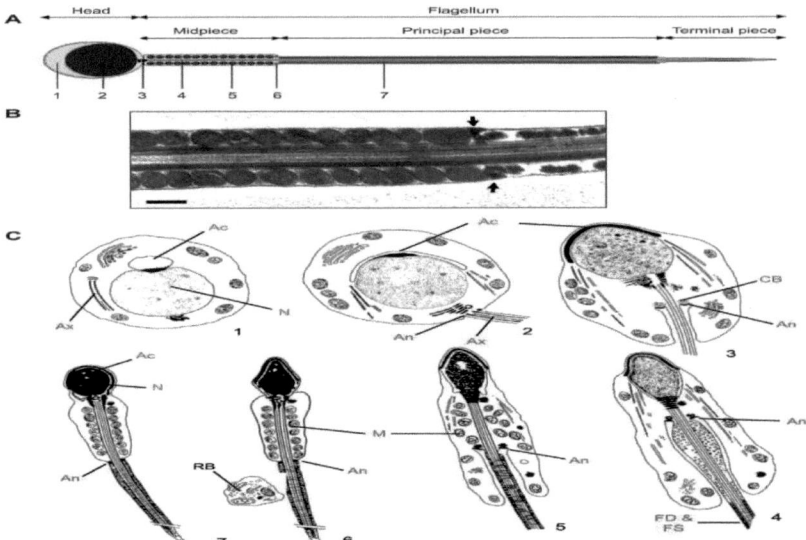

**Figure 16 : L'annulus en phase terminale de différenciation.** Coupe longitudinale en microscopie électronique de l'annulus. L'annulus (An) est une structure dense située au niveau de la jonction PI et PP des spermatozoïdes matures. Chez la souris, il est triangulaire et se trouve sous le dernier tour de l'hélice mitochondriale et la membrane plasmique (AC) acrosome ; (M) mitochondrie ; (N) noyau ; (AN) annulus ; (Ax) axonème (adapté de touré *et al.*, 2011).

5. **Moteurs moléculaires du transport intraflagellaire.**

Chez les mammifères le flagelle et les cils contiennent la même unité de base qui est l'axonème. Ces deux structures assument plusieurs fonctions, il est naturel d'y trouver un nombre considérable de protéines. Les analyses protéomiques de flagelles isolés de l'algue verte *C. reinhardtii* ont révélé que cet organite contient plus de 600 protéines. L'absence de machinerie de synthèse protéique au niveau des cils et des flagelles signifie que les protéines flagellaires doivent être traduites dans le cytoplasme

# Etude bibliographique

puis transportées dans le flagelle en croissance. C'est en 1993 que l'équipe de Kozminski a découvert pour la première fois le transport intraflagellaire et ce, en observant un mouvement bidirectionnel de particules le long des flagelles de C. reinhardtii (Kozminski et al., 1995).

### a. Particules IFT (Intra-Flagellar Transport)

Initialement observées chez *C. reinhardtii* en microscopie électronique comme étant des radeaux flottant entre la membrane et l'axonème, les particules IFT antérogrades et rétrogrades ont rapidement été distinguées, grâce à leur vitesse de déplacement (environ 2 µm.s-1 et 3 µm.s-1, respectivement) et leur taille (120 nm et 60 nm de diamètre, respectivement).

En 1998 Cole et coll. ont également présenté la purification de la matrice flagellaire de *C. reinhardtii* et ils ont analysé son contenu par électrophorèse sur gel à 2 dimensions (Cole et al., 1998). Cette étude a permis l'identification d'un complexe de 15 sous-unités qui se dissocie facilement en deux sous-ensembles IFT-A et IFT-B. Ces deux complexes co-immuno-précipitent dans des extraits flagellaires, ce qui suggère qu'ils sont associés lors du transport intraflagellaire. On peut se demander si l'existence des 2 complexes apparemment distincts biochimiquement représente une réalité fonctionnelle dans le système d'IFT (Hou et al.,2007 ; Rosenbaum and Witman, 2002 ; Pazour et al., 2005).

L'analyse fonctionnelle des particules de l'IFT a révélé que ces deux complexes ne représentent pas seulement des entités distinctes biochimiquement mais aussi fonctionnellement. L'analyse de mutants du transport rétrograde montre l'accumulation de protéines du complexe B et une importante déplétion des protéines du complexe A. En outre, la localisation de certaines protéines dans la région des corps basaux montre que les protéines ne co-localisent que très partiellement, ce qui suggère que les complexes A et B ne sont pas toujours physiquement liés.

Un ensemble de données a permis de proposer le schéma suivant : les protéines du complexe B sont requises pour l'entrée des particules IFT dans le compartiment flagellaire et pour leur transport vers l'extrémité distale, et sont donc impliquées dans le transport antérograde ; les protéines du complexe A favorisent la suppression ou le recyclage des particules IFT et de leur chargement, et sont donc impliquées dans le transport rétrograde.

Le complexe IFT contient au moins 20 protéines qui interagissent non seulement les unes avec les autres mais aussi avec les protéines motrices. Ces protéines doivent pour cela présenter un nombre important de régions capables de former des interactions protéines-protéines. Des analyses bioinformatiques de séquences de protéines IFT ont permis l'identification d'un certain nombre de motifs bien connu tel que WD-40 ou le coiled coil domain.

### 6. Le cil et le flagelle

Le cil et le flagelle sont deux structures apparentées, hautement conservées qui forment des extensions cellulaires et qui exercent des fonctions sensorielles et motrices. Ils sont présents dans la plupart des organismes uni ou pluri-cellulaires puisqu'on les retrouve depuis l'algue verte Chlamydomonas jusque chez l'Homme. Les cils forment à la surface des cellules qui les portent des extensions cellulaires pouvant mesurer jusqu'à 10 µm de long pour un diamètre de 250 nm.

Leur structure est caractérisée par un squelette de microtubules ordonné appelé axonème. D'après leur organisation axonémale, on distingue deux types de cils : les cils motiles et les cils primaires.

Les cils motiles sont caractérisés par une structure axonémale de type (9+2) (Figure 17A) ce qui signifie qu'ils ont 9 doublets parallèles de microtubules agencés radialement autour d'une paire centrale de microtubules, alors que les cils primaires sont des cils de type (9+0) (Figure 17B) caractérisés par l'absence de la paire centrale de microtubule. Conformément à leur caractère non motile, les structures associées (ODAs, IDAs, ponts radiaires et nexines) sont absentes. Les cils primaires sont impliqués dans des fonctions sensorielles, dans l'organisation et le développement des tissus et organes, et dans la régulation de la prolifération (Pazour and Witman, 2003).

Etude bibliographique

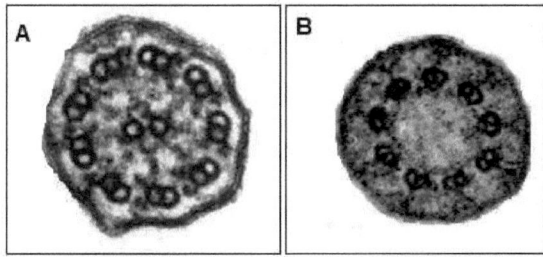

**Figure 17 : Coupe transversale en microscopie électronique. A)** Cil mobile de l'épithélium respiratoire humain de type (9+2). **B)** Cil sensoriel de type (9+0).

Tous les types de cils sont composés de microtubules axonémaux qui sont des extensions des microtubules du corps basal.

Le corps basal est composé d'un centriole constitué de neuf triplets de microtubules assemblés en forme de tonneau. Chaque triplet comprend un microtubule complet formé de 13 protofilaments, le microtubule A, fusionné à un microtubule B incomplet (11 protofilaments) qui est lui-même fusionné au troisième microtubule (C), lui aussi incomplet (11 protofilaments). Cette structure est retrouvée chez la grande majorité des espèces à l'exception de C. elegans qui possède des microtubules simples à la place des triplets.

Le niveau où le microtubule C s'arrête correspond au début de la zone de transition. Cette zone s'étend jusqu'à la plaque basale, structure sur laquelle est nucléée la paire centrale de MTs. La zone de transition est une région complexe (figure 18) composée de fibres de transition qui aident à délimiter les territoires cytoplasmiques et flagellaires, et à contrôler les échanges entre ces deux compartiments.

La zone de transition comporte 9 triplets à son extrémité proximale et 9 doublets à son extrémité distale, et est dépourvue de microtubules centraux (Fisch and Dupuis-Williams, 2011).

Etude bibliographique

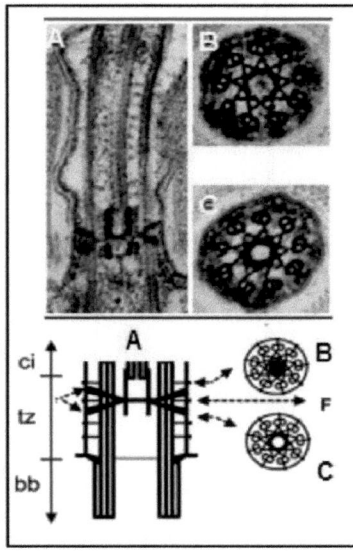

Figure 18 : Illustration de la zone de transition. A) Photo et schéma en vue longitudinale d'un flagelle mobile de *Chlamydomonas reinhardtii*. Le corps basal (bb) se termine avec la fin du tubule C. Dans les cils motiles la plaque basale (F) indique le début du cil (ci). , la plaque basale est encadrée de deux réseaux étoilés (B et C). (Fisch and Dupuis-Williams, 2011)

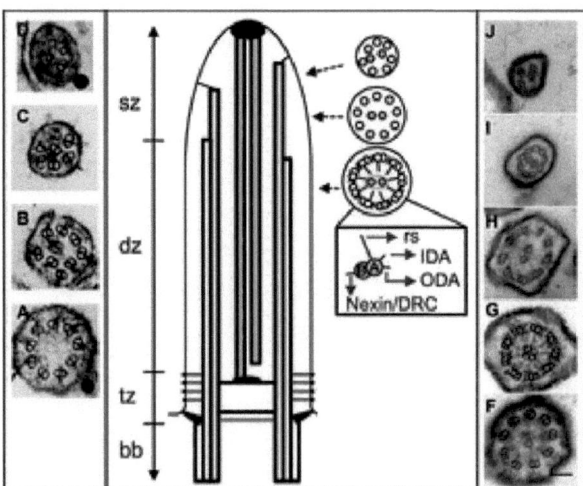

Figure 19 : Le schéma illustre une vue longitudinale de la continuité structurale entre le corps basal (bb), la zone de transition (tz), la zone des doublets (dz) et la zone des singlets (sz) de l'axonème. La vue transversale montre un schéma simplifié d'un

34

Etude bibliographique

axonème 9+2 typique des cils motiles avec la paire centrale et les structures caractéristiques de la motilité (pont radiaire (rs), bras de dynéine interne (IDA), bras de dyneine externe (ODA) et complexe nexine/DRC. Le panneau de droite montre des vues transversales d'un cil motile de *Paramecium tetraurelia* avec en **(F)** la zone de transition avant la nucléation du deuxième MT de la paire centrale, **(G)** l'arrangement 9+2, **(H)** la transition à la zone des singlets, **(I)** la zone des singlets et **(J)** l'arrêt progressif des singlets. (Fisch and Dupuis-Williams, 2011)

Sur un plan ultrastructural, on peut distinguer plusieurs sous-régions selon l'axe longitudinal du cil, notamment, de l'extrémité proximale à l'extrémité distale : la zone de transition qui relie le cil au corps basal, suivie de la zone des doublets de MTs caractérisée par les complexes protéiques associés à la motilité et la zone de singlets de MTs, qui inclut les structures de l'extrémité ciliaire (figure 19).

La zone de doublets contient la majorité des structures responsables de la motilité. Les MTs de la paire centrale sont associés à la gaine centrale et aux MTs externes par des complexes protéiques. Les doublets externes voisins sont connectés via les liens de nexines.

7. **Les ciliopathies**

Depuis des siècles des défauts viscéraux ont été décrits mais ils n'ont jusqu'à récemment jamais été associés à un dysfonctionnement ciliaire. Avec le chevauchement des cas cliniques comme les infections respiratoires, les situs inversus, et les troubles de stérilité, les scientifiques ont réalisé la contribution importante du dysfonctionnement ciliaire dans les maladies génétiques humaines.

Des analyses sur des génomes de différents organismes pourvus, ou dépourvus de structures ciliaires ou flagellaires ont ainsi permis d'identifier plus de 600 gènes susceptibles de coder pour des constituants des cils et des flagelles. Des analyses plus directes de protéomique réalisées sur des flagelles purifiés de Chlamydomonas indiquent qu'au moins 652 protéines constituent ce seul organite (Fisch and Dupuis-Williams, 2011).

Le cil est en effet un organe impliqué dans de nombreux processus pathologiques.
L'étude complète du génome humain, et les nouveaux moyens de dosage (comme la spectrographie de masse) ont permis de mettre en évidence l'implication des cils dans certaines maladies complexes.

Le cil se comporte comme une sorte d'antenne qui émerge de la cellule. Il apporte des informations comme une sonde du milieu extracellulaire. Un large éventail de signaux peut être reçu par des récepteurs spécifiques présents dans ce cil correspondant à la lumière (photosensibilité), au déplacement (mécanosensibilité), à la température (thermo-sensibilité), aux odeurs (olfactosensibilité) ainsi qu'à la pression osmotique et aux signaux hormonaux. Toutes ces propriétés expliquent que des anomalies constitutives et/ou de fonctionnement des cils peuvent conduire à des maladies très diverses, appelées ciliopathies.

Les ciliopathies se présentent donc comme un groupe hétérogène de maladies qui sont causées par des mutations dans les gènes impliqués dans la genèse et le fonctionnement des cils. Ainsi les ciliopathies comprennent des maladies qui touchent aussi bien le rein (maladie polykystique), l'oeil, le cerveau, le foie et le cœur ou qui peuvent provoquer une obésité importante et ou un diabète. Chez les mammifères, il y a de nombreuses cellules monociliées ou multiciliées qui sont présentes dans tout l'organisme. Nous ne connaissons pas encore toutes les fonctions que ces petits organites assurent au sein de notre organisme.

L'identification des gènes impliqués dans les ciliopathies humaines, ainsi que l'analyse de mutants dans différents modèles nous apporte bon nombre de réponses et peuvent nous orienter vers des gènes qui peuvent êtres impliqués dans des mécanismes ciliaires et flagellaires.

### *a. Le syndrome de Dyskinésie Ciliaire Primitive (DCP) :*

La dyskinésie ciliaire primitive (DCP) est une maladie génétique rare qui regroupe un ensemble de pathologies respiratoires liées à une anomalie constitutionnelle des cils. Les patients atteints de DCP présentent des infections pulmonaires, une hydrocéphalie, des otites chroniques et des sinusites, qui sont dues à des défauts d'évacuation de mucus des voies respiratoires, puisque le battement ciliaire est indispensable à l'épuration mucociliaire. Dans la moitié des cas un situs inversus est trouvé, on parle alors de syndrome de Kartagener.

Les DCP ont été décrites comme pouvant être associées à une infertilité masculine. Les spermatozoïdes des patients ayant une DCP sont souvent immobiles et présentent une morphologie normale en microscopie optique. En microscopie électronique, diverses anomalies structurales ont été observées pour ces spermatozoïdes telles que l'absence : de bras de dynéine, des microtubules centraux ou de l'axonème. Tous ces phénotypes ont souvent une incidence familiale et géographique, ce qui suggère une origine génétique.

Plusieurs gènes qui codent pour des protéines de l'axonème ont été identifiés chez les patients ayant une DCP. On peut citer les gènes qui codent pour des dynéines à chaine lourdes qui se trouvent au niveau du ODA tels que *DNAH5* (Olbrich *et al.*, 2002) et *DNAH11* (Bartoloni *et al.*, 2002), il y a aussi des gènes qui codent pour des dynéines à chaine intermédiaires tel que *DNAI1* (Pennarun *et al.*, 1999) et DNAI2 (Loges. *et al.*, 2008). *DNAL1* un autre gènes qui fait partie des dynéine à chaine légère a été décrit plus récemment (Mazor *et al.*, 2011).

Récemment, trois gènes ont été liés a une DCP chez l'humain (*LRRC50*, *CCDC39* et *CCDC40*) (Loges *et al.*, 2009; Merveille *et al.*, 2011; Becker-Heck *et al.*, 2011). Ces produits géniques semblent être impliqués dans l'assemblage ou la régulation de bras dynéines (Figure 20).

Etude bibliographique

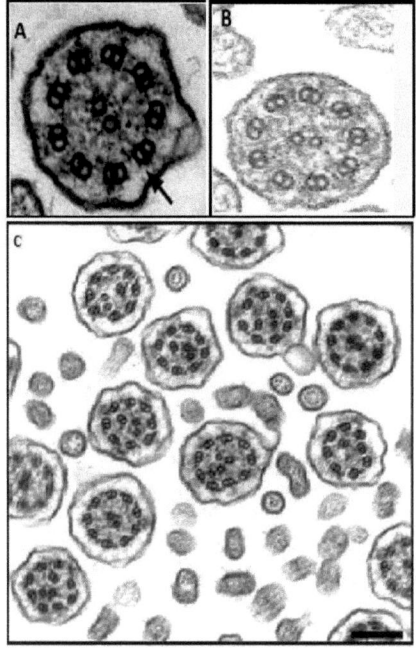

**Figure 20 : Observation en Microscope électronique de coupes transversales de cils respiratoires de patients (DCP) présentant des défauts au niveau de dynéine A)** Absence, des bras de dynéines externes (flèche) est observée sur tous les doublets périphériques (Pennarun *et al.*, 1999). **B)** Absence ODA est observé sur tous les doublets périphériques de cils de patient qui présente une mutation au niveau du gène *DNAH5* (Olbrich *et al.*, 2002). C) Observation en microscopie électronique des cils respiratoires d'un individu (PCD) qui est homozygote pour une mutation au niveau du gène *CCDC39*. On peut voir l'absence IDA dans toutes les coupes ciliaires, associée à une série d'autres, défauts hétérogènes: l'absence isolée des neuf bras de dynéine internes la désorganisation axonémale associée soit à un déplacement de la paire centrale, soit à une absence de la paire centrale ou à la présence de paires centrales surnuméraires (Merveille et al, 2011).

*b. Les polykystoses rénales (PKD) :*

Les patients atteints de polykystoses rénales souffrent d'insuffisance rénale sévère. Deux formes de cette maladie existent, la forme autosomique dominante (ADPKD) et la forme autosomique récessive (ARPKD).

L'analyse du génome de certains patients atteints de la forme ARPKD révèle la présence de mutations dans le gène *PKHD1* qui code la polyductine (ou fibrocystine) protéine localisée dans les cils primaires des cellules rénales. Il a été suggéré que cette protéine serait un récepteur affectant la différenciation des cellules des canaux collecteurs.

Pour la forme dominante ADPKD, des mutations ont été retrouvées dans deux gènes *PKD1* et *PKD2*. Les mutations dans *PKD1* représentent environ 85% des

# Etude bibliographique

cas et entrainent une manifestation plus sévère que celle engendrée par la présence de mutations *PKD2*.

Les produits de ces deux gènes sont la polycystine 1 et 2, qui sont des protéines transmembranaires qui interagissent afin de former un canal calcique dans les cils primaires des cellules épithéliales rénales (Harris and Rossetti, 2010).

### c. Le syndrome de Bardet-Biedl :

Le syndrome de Bardet-Biedl (BBS) est une maladie génétique humaine caractérisée par un ensemble de signes cliniques incluant notamment une dégénérescence rétinienne, une obésité, une polydactylie, une néphropathie et un retard mental. Au moins 12 gènes (*BBS1* à *BBS12*) ont été incriminés dans cette affection. Ils codent pour des protéines impliquées dans le développement et la fonction des cils primitifs. Un défaut au niveau de ces protéines entraîne une atteinte des cils de certains organes comme le rein ou l'œil. Des études récentes indiquent que des défauts dans le trafic moléculaire dans la membrane des cils sont impliqués dans ce syndrome. La majorité des protéines BBS montre une localisation ciliaire ou participent à l'IFT.

En 2010, l'équipe de Seo a montré qu'un nouveau complexe, composé de trois protéines BBS (BBS6, BBS10 et BBS12) dites « chaperonin-like » et de la chaperonine de la famille CCT/TriC, sert d'intermédiaire à l'assemblage du BBSome, lequel transporte des vésicules ou protéines vers les cils. De nombreuses mutations trouvées dans *BBS6*, *BBS10* et *BBS12* perturbent les interactions entre les protéines du BBS et les CCT chaperonines (Seo *et al.*, 2010).

### d. Les néphronophtises (NPHP) :

La néphronophtise est une néphropathie (NPHP) tubulointerstitielle chronique évoluant vers l'insuffisance rénale terminale, qui se transmet selon le mode autosomique récessif. Elle constitue la cause la plus fréquente d'insuffisance rénale durant les 3 premières décades de la vie. Trois formes cliniques principales ont été décrites : la néphronophtise infantile qui évolue vers l'insuffisance rénale terminale avant l'âge de cinq ans, la néphronophtise juvénile qui évolue vers l'insuffisance rénale terminale

Etude bibliographique

avant l'âge de 15 ans et la néphronophtise tardive qui est une forme plus rare. En 2005, cinq gènes (*NPHP1-5*) ont été identifiés comme étant liés aux néphronophtises. Tous ces gènes s'expriment au niveau du cil primaire, du corps basal et du centrosome (Hildebrandt and Otto, 2005)

Le premier gène identifié est *NPHP1* localisé en 2q13. Des délétions homozygotes de ce gène sont présentes chez 70% des patients et leur détection par PCR permet d'affirmer le diagnostic. Le gène *NPHP2* code pour l'inversine des mutations au sein de ce gène (Olbrich *et al.*, 2003) sont responsables de la forme infantile. Des mutations du gène *NPHP3* (Otto *et al.*, 2002) ont été décrites dans une grande famille du Vénézuela et sont responsables de la forme tardive. Des mutations du gène *NPHP4* ont été mises en évidence dans plusieurs familles dont certaines ont une atteinte rétinienne associée (syndrome de Senior-Loken) et enfin des mutations ont été identifiées au niveau du gène *NPHP5* qui code pour une protéine ayant un domaine de liaison à la calmoduline (Otto *et al.*, 2005).

## III. L'infertilité masculine

L'infertilité se définit selon l'organisation mondiale de la santé par l'absence de conception après au moins 12 mois de rapports sexuels non protégés. La prévalence de l'infertilité est estimée à 15% des couples en âge de procréer. Un couple sur six consulte au moins une fois dans sa vie pour des difficultés de procréation. Dans la moitié des cas, l'infertilité du couple est d'origine masculine.

Ces dernières décennies la baisse de la fertilité masculine mondiale est devenue préoccupante. Ainsi, un homme sur quinze est subfertile (Auger et *al.*, 1995 ; Rolland *et al.*, 2012)

C'est la publication de Carlsen et coll. en 1992 qui, selon une méta-analyse de 61 études réalisées dans le monde entier, révélait que le volume séminal et la concentration des spermatozoïdes avaient diminué d'environ 50% depuis 50 ans (Lackner *et al.*,2005). Puis Auger et coll. (1995) ont montré une diminution des trois

Etude bibliographique

principaux paramètres du sperme (numération, mobilité, formes typiques) chez 1750 hommes donneurs de sperme, de 1973 à 1992 (Auger *et al.*, 1995). Ces résultats ont été confirmés par d'autres études faites dans les populations générales de différents pays mais aussi chez les hommes consultant pour infertilité clinique. Nous savons aujourd'hui que la fertilité masculine décline avec l'âge. Chez l'homme, l'infertilité est en relation avec une altération quantitative et/ou qualitative du sperme, du plasma séminal et des spermatozoïdes, d'origine congénitale ou acquise. Ces altérations peuvent être quantifiées dans les laboratoires de spermiologie par la réalisation d'un spermogramme et/ou d'un spermocytogramme. Les anomalies spermatiques peuvent avoir des causes multiples.

## A. Les causes de l'infertilité masculine

### 2. Les causes endocriniennes

L'axe hypothalamohypophysaire induit la prolifération et la différenciation des cellules germinales à l'âge adulte par l'intermédiaire des gonadotrophines FSH « FollicleStimulating Hormone » et LH « Luteinizing Hormone ». Son atteinte congénitale génétique, anatomique tumorale, traumatique, ischémique (drépanocytose) ou toxique (dépôts ferriques de la β-thalassémie, drépanocytose ou hémochromatose) est responsable d'un hypogonadisme hypogonadotrophique, associant le plus souvent un défaut ou un retard du développement pubertaire avec des testicules de petites tailles et une spermatogenèse réduite ou absente. Cet axe régulateur est particulièrement sensible à l'effet de nombreux médicaments, des œstrogènes (d'origine tumorale ou élevés en cas d'hyperthyroïdie, d'obésité et d'éthylisme chronique), des androgènes (origine tumorale, hyperplasie congénitale des surrénales, hypothyroïdie) et de la prolactine (origine tumorale ou hypothyroïdie primaire avec élévation de la thyrotropin-releasing hormone).

### 3. Les maladies infectieuses

Certaines maladies virales, telles que les oreillons, lorsqu'elles s'accompagnent d'une inflammation testiculaire (orchite), en particulier en période pubertaire, peuvent

# Etude bibliographique

être responsables d'atteintes plus ou moins importantes de la spermatogenèse (Jameson, 1981).

### 4. Les problèmes immunitaires

Ces problèmes sont dus à la production d'anticorps dirigés contre les spermatozoïdes ce qui conduit à un défaut de mobilité ou à des agglutinations (les spermatozoïdes sont liés entre eux par la tête ou la queue et sont incapables de féconder).

Des anticorps circulants sont présents chez la plupart des hommes ayant subi une vasectomie. Après rétablissement des connexions, ces anticorps sont souvent retrouvés dans le plasma séminal.

L'obstruction unilatérale ou bilatérale des voies spermatiques (qu'elle soit congénitale ou acquise), l'épididymite et la varicocèle peuvent également être associées dans certains cas à une réaction auto-immune dirigée contre les spermatozoïdes.

### 5. Les causes environnementales

Il existe depuis longtemps un débat sur l'influence des facteurs environnementaux sur la fertilité masculine. En 1992, Carlsen et coll ont révélé dans leur étude que les 50 années précédentes ont vu une nette diminution du nombre de spermatozoïdes cette même année Brake et Krause ont rapporté qu'à partir de 1977 le nombre de spermatozoïdes a diminué de 25% (Carlsen *et al.*, 1992 ; Brake and Krause 1992).

De nombreux chercheurs et cliniciens ont affirmé que le progrès de la société et la détérioration de l'environnement sont probablement impliqués dans la diminution de la fertilité masculine.

A ce jour, les facteurs de risques proposés sont liés au mode de vie : le tabagisme, l'alcool, les drogues, l'exposition régulière à la chaleur, aux radiations ou à des molécules toxiques, la pollution de l'air, les oreillons, le stress et les perturbateurs

## Etude bibliographique

endocriniens (Miyamoto et al., 2012). En revanche, de nombreuses études indiquent l'absence d'une corrélation entre les facteurs environnementaux et l'infertilité masculine. Ainsi, il n'existe actuellement pas de point de vue cohérent sur le rôle des facteurs environnementaux sur l'infertilité masculine.

Une des raisons de ces discordances est que la taille de l'échantillon est insuffisante pour déterminer des différences statiquement significatives. Moins de 100 patients atteints d'infertilité masculine sont inclus dans ces études, une autres raison est que la quasi-totalité de ces études a été effectuée par des enquêtes (utilisant des questionnaires) sans critères objectifs (Oldereid *et al.*, 1992 ; Effendy *et al.*, 1987).

Pour élucider la relation entre les facteurs environnementaux et l'infertilité masculine, les études futures devraient inclure une cohorte plus importante et une sélection appropriée de contrôles sains.

### 6. Les causes génétiques

Les facteurs génétiques de l'infertilité masculine peuvent être chromosomiques ou géniques, autosomiques ou gonosomiques, à effet pléiotrope ou limités à la lignée germinale. Ces anomalies génétiques peuvent survenir de novo, ou peuvent être familiales.

Trois arguments principaux sont en faveur d'une composante génétique dans des cas d'infertilité :

- Les réarrangements chromosomiques peuvent être responsables d'un défaut de la méiose ou d'un dysfonctionnement d'un gène crucial pour la spermatogenèse. Ces réarrangements sont retrouvés avec une fréquence supérieure à la normale chez des hommes infertiles.
- Des cas familiaux d'infertilité ont été décrits dans la littérature, avec plusieurs individus infertiles de la même famille. La présence de consanguinité chez les parents de certains patients ayant un problème de fertilité laisse supposer une transmission autosomique récessive de gènes impliqués dans la spermatogenèse.

# Etude bibliographique

- Les modèles animaux montrent que de nombreuses mutations géniques spontanées ou induites sont responsables d'infertilité.

Parmi les causes génétiques d'infertilité masculine actuellement bien établies on retrouve les anomalies chromosomiques, les micro-délétions du chromosome Y et les mutations du gène *CFTR*.

### *a. Les anomalies chromosomique*

Parmi les anomalies chromosomiques il y a celles qui affectent le nombre des chromosomes (aneuploïdies) et celles qui touchent leur structure. Si certaines d'entre elles sont associées à un syndrome clinique particulier, d'autres peuvent se révéler uniquement par un phénotype d'infertilité (Simpson *et al.*, 2003 ; Guichaoua *et al.*, 1993). Les aneuploïdies (anomalies de nombre des chromosomes) et les anomalies de structures sont retrouvées dans 14 % des azoospermies, avec des anomalies touchant préférentiellement les gonosomes (chromosomes sexuels). Des anomalies chromosomiques sont retrouvées dans 5 % des oligospermies et elles touchent préférentiellement les autosomes.

### ➤ *Le syndrome de Klinfelter*

Le syndrome de Klinefelter (47,XXY) est la cause chromosomique d'infertilité masculine la plus fréquente dans la population générale (Solari *et al.*,1999). La prévalence de ce syndrome est près de 50 fois plus élevée chez les patients infertiles azoospermiques (14%) que dans la population générale (0.2%) (Gekas *et al.*, 2001). Ce syndrome associe une atrophie des testicules, une azoospermie (absence de spermatozoides dans l'éjaculat) et une gynécomastie. La présence d'un chromosome X surnuméraire provoque une anomalie de la méiose par la perturbation de la formation du complexe synaptonémal de l'X et l'Y dans la vésicule sexuelle (Kékesi *et al.*, 2007) qui entraine une surexpression de gènes situés sur le chromosome X. Il existe des cas de syndrome de Klinefelter en mosaïque, associant des cellules 47, XXY majoritaires à une faible proportion de cellules 46, XY, où l'on retrouve des spermatozoïdes lors d'une biopsie testiculaire ou, beaucoup plus rarement, dans l'éjaculat (Morel *et al.*, 2007).

## Etude bibliographique

> *Translocations réciproques*

Les translocations réciproques résultent d'échanges de matériel chromosomique entre deux chromosomes non homologues.

D'un point de vue clinique, les porteurs de remaniements génétiquement équilibrés, présentent souvent un développement normal. Cependant les translocations, peuvent perturber le processus normal de méiose, et ainsi être responsables de troubles de la gamétogénèse.

En présence d'une translocation réciproque, les chromosomes normaux et remaniés s'associent en prophase de première division méiotique grâce au complexe synaptonémal pour former une structure complexe appelée « quadrivalent » ou « trivalent » pour les translocations robertsoniennes. Des défauts d'appariement méiotique des chromosomes du quadrivalent ou trivalent peuvent apparaître notamment dans la région des points de cassure, entrainant un arrêt précoce de la méiose et une mort cellulaire. Des études réalisées chez l'homme ont montré que ces défauts d'appariement pouvaient être à l'origine d'une baisse de fertilité, voire même de stérilité (Guichaoua *et al.*, 1992; Leng *et al.*, 2009; Oliver-Bonet *et al.*, 2005).

Il existe plusieurs hypothèses permettant d'expliquer les effets des défauts d'appariement sur la gamétogénèse. La première est qu'une transcription anormale des gènes présents sur les segments non appariés induirait une destruction sélective des spermatocytes (Forejt and Gregorova, 1977). En effet, des études réalisées chez la souris ont mis en évidence une répression de la transcription des régions non appariées chez des individus présentant un arrêt partiel ou total de la spermatogenèse (Turner *et al.*, 2005). L'hypothèse proposée à partir de ces observations est que l'inactivation de gènes nécessaires au bon déroulement de la méiose pourrait être responsable de l'arrêt de la division méiotique des cellules concernées qui sont alors détruites par apoptose.

### b. Les micro-délétions du chromosome Y

C'est dans les années 60 que les premières délétions du chromosome Y ont été observées chez des patients infertiles (Van wijck *et al.*, 1962). L'observation de patients

# Etude bibliographique

présentant des délétions du bras long a permis d'assigner à la région Yq11, un rôle majeur dans le maintien de la spermatogenèse.

La biologie moléculaire a permis la subdivision du chromosome Y. Les progrès récents dans la cartographie physique du génome humain ont rendu possible la multiplication des marqueurs disponibles le long du chromosome Y. Ces derniers, dont la taille varie de quelques dizaines à quelques centaines de paires de bases, sont facilement amplifiables par PCR à partir de l'ADN, rendant ainsi détectable leur présence ou leur absence chez un individu. L'utilisation de ces outils a permis d'observer un certain nombre de patients infertiles, dont les délétions n'étaient pas chevauchantes, ce qui a conduit à subdiviser le facteur AZF en trois loci différents AZFa, AZFb et AZFc.

Si les délétions moléculaires de la région Yq11 sont constamment associées à une infertilité masculine, la gravité de l'atteinte testiculaire peut, par contre, varier selon les cas. Il a été montré qu'en général, les délétions d'AZFa s'accompagnent d'une azoospermie par absence totale de cellules germinales dans les tubes séminifères (syndrome SCO [Sertoli cell only]) alors que celles d'AZFb sont plutôt associées à un arrêt de maturation de ces dernières à un niveau variable de la spermatogenèse. Les microdélétions du locus AZFc sont rencontrées à la fois chez des patients présentant des azoospermies et des oligozoospermies sévères, inférieures à 1 ou 2 millions de spermatozoïdes/ml. Les délétions d'AZFa sont moins fréquentes mais associées à des défauts spermatogénétiques plus graves (Liow *et al.*, 2001).

La mise en évidence de délétions chez des patients infertiles a conduit à rechercher les gènes candidats de la région AZF, c'est-à-dire ceux dont la perte peut être responsable d'une atteinte sévère de la spermatogenèse.

### c. Le gène CFTR

L'agénésie bilatérale des canaux déférents (ABCD) est rencontrée chez la très grande majorité des hommes atteints de mucoviscidose, mais cette malformation peut également être observée chez des patients ne présentant ni atteinte pulmonaire, ni

Etude bibliographique

atteinte pancréatique et elle représente 2% des formes d'infertilité masculine (Seifer *et al.*, 1999 ; Van Steirteghem *et al.*, 1999). La découverte du gène responsable de la mucoviscidose en 1989 a permis de montrer que des mutations dans ce gène pouvaient rendre compte des bases génétiques de cette forme de stérilité

L'association de l'agénésie bilatérale des canaux déférents (ABCD) aux patients atteints de mucoviscidose a permis de relier le gène *CFTR* (cystic fibrosis transmembrane conductance regulator) avec cette malformation représentant environ 2% des cas d'infertilité masculine et près de 25% des azoospermies obstructives. En l'absence de protéine CFTR fonctionnelle au niveau épithélial, la sueur est anormalement salée et les sécrétions muqueuses anormalement visqueuses. Cela entraîne une atteinte chronique, habituellement progressive, avec des manifestations concernant l'appareil respiratoire, le pancréas et plus rarement l'intestin ou le foie (Vialard and Albert, 2009).

## B. Moyen d'exploration de l'infertilité masculine

### 1. Le spermogramme

En 1951, Mac Léod a analysé la relation qui existe entre la fertilité masculine et les caractéristiques du sperme en comparant les données du spermogramme chez les hommes féconds et inféconds. Depuis, l'évaluation de l'infertilité masculine implique nécessairement, comme première investigation, cet examen du sperme. Le spermogramme doit être réalisé dans un laboratoire spécialisé et par un biologiste expérimenté, il doit être interprété en tenant compte des données cliniques du patient.

Le spermogramme a pour but d'évaluer l'activité sécrétoire des différents compartiments participant à l'éjaculation : le volume, la viscosité et le pH de l'éjaculat ainsi que la numération, la mobilité, la vitalité et la morphologie des spermatozoïdes. L'appréciation des caractères morphologiques des spermatozoïdes est complexe du fait de la grande variabilité de la morphologie des spermatozoïdes humains. Cet examen est influencé par un certain nombre de paramètres, tels que le délai d'abstinence, la saison, l'âge, l'exposition professionnelle ou épisodique à des facteurs toxiques (médicaments,

Etude bibliographique

pesticides, température élevée...). Ce qui nécessite la pratique d'au moins deux spermogrammes à intervalle adéquat (2 à 3 mois) pour mieux juger le profil spermatique (Lornage, 2002; WHO, 2010).

Il faut souligner que les données portant sur le sperme et provenant de laboratoires différents ne peuvent être considérées ni comme des données exactes ni comme des données strictement comparables. En effet, l'analyse du sperme correspond à un ensemble de procédures de laboratoire complexes dont la plupart reposent sur des facteurs humains tel que l'évaluation microscopique. Les conclusions d'une analyse doivent tenir compte de l'erreur de mesure. En effet, les valeurs produites de concentration (million/millilitre), mobilité ou morphologie typique se fondent sur une évaluation d'un nombre limité de spermatozoïdes (de l'ordre d'une ou plusieurs centaines quand cela est possible). À cause de ce petit nombre, mais à cause également de l'hétérogénéité du sperme, le postulat que le petit échantillon de spermatozoïdes à partir desquels ces caractéristiques ont été évaluées est représentatif de l'ensemble de l'échantillon ne peut s'appliquer : en fonction du nombre de spermatozoïdes évalués, il y a une erreur de comptage plus ou moins importante et un intervalle de confiance plus ou moins large autour de la valeur fournie (par exemple, l'erreur de comptage est de l'ordre de 25 % pour 50 spermatozoïdes comptés et de 10 % pour 400 spermatozoïdes comptés).

Malgré la variabilité intra-individuelle des paramètres du spermogramme, l'organisation mondiale de la santé (OMS) a pu définir des critères de normalité (WHO, 2010).

*a. Caractéristiques du sperme et fertilité*

L'atteinte du profil spermatique peut être secondaire à l'altération d'un seul ou de plusieurs paramètres du spermogramme. Pour chaque paramètre, on définit une ou plusieurs anomalies. (Tableau 1) A l'exception des situations d'azoospermie et d'oligospermie sévère confirmées, les données du spermogramme ne permettent pas de conclure si le patient est fertile ou infertile. Chez les hommes azoospermiques et oligospermiques, d'autres explorations sont nécessaires pour déterminer l'origine sécrétoire ou excrétoire de cette anomalie de la numération.

**Tableau 1 : Valeurs normales des paramètres du spermogramme (Who, Fifth Edition).**

| Valeurs normales selon l'OMS-2010 | | Définitions de l'anomalie | |
|---|---|---|---|
| Volume du sperme : > 1,5 ml (1,4 - 1,7) | | < 1,5 ml : **Hypospermie** <br><br> > 6 ml : **Hyperspermie** | |
| Numération des spermatozoïdes (par ml): ≥ 15 millions/ml (12 - 16) <br><br> Numération des spermatozoïdes (par éjaculât): > 39 millions (33 - 46) | | 0 : **Azoospermie** <br><br> ≤ 15 millions/ml : **Oligozoospermie** | |
| Mobilité des spematozoïdes à la première heure après l'éjaculation. <br> - Grade (a) : mobilité en trajet fléchant.rapide (>25 µm/s) <br> - Grade (b) : mobilité lente et progressive (5-25 µm/s). <br> - Grade (c) : mobilité sur place. <br> - Grade (d) = immobile | - Mobilité progressive de type (a+b) des spermatozoïdes : ≥ 32 % (31 à 34) (ou ≥ 30 %) | <32% | **Asthénospermie** |
| | - Mobilité de type (a+b+c) des spermatozoïdes : ≥ 40 % (38 - 42) | < 40 % | |
| Mobilité à la quatrième heure après l'éjaculation. | Chute de mobilité inférieure à 50 % comparativement aux chiffres de la première heure | Chute de mobilité supérieure à 50% | |

## Etude bibliographique

| | |
|---|---|
| Morphologie normale des spermatozoïdes : >30 % | < 4 %: **Tératospermie** |
| ≥ 4 % (3,0 - 4,0)<br>(se rapproche de la classification Kruger)<br>Ou : ≥ 15 % (selon la classification de David modifiée par Auger et Eustache). | |
| Leucocytes < 1 million/ml | > 1 million/ml : **Leucospermie** |
| Vitalité des spermatozoïdes : ≥ 58 % (55 - 63) | <58 %: **Nécrosospermie** |
| • D'autres valeurs normales (consensus) :<br>   ○ pH : ≥ 7,2<br>   ○ MAR test (anticorps anti spermatozoïdes de type IgA, IgG, IgM fixés sur les spermatozoïdes) : < 50 %.<br>   ○ Immunobead test (motile spermatozoa with bound particules) (ou seprmatozoïde mobile avec anticorps antispermatozoïde) : < 50 %<br>   ○ Peroxidase-positive leukocytes : < (1,0) (million/ml).<br>   ○ Fructose séminal : ≥ (13) µmol/éjaculât<br>   ○ Phosphatase acide seminale : ≥ 200 U/éjaculât.<br>   ○ Acide citrique séminal : ≥ 52 µmol/éjaculât.<br>   ○ Zinc séminal : ≥ (2,4) µmol/ejaculât<br>   ○ Seminal neutral glucosidase : ≥ (20) mU/éjaculât<br>   ○ L-carnitine séminale : 0.8-2.9 µmol/éjaculât | |

*b. Les paramètres du sperme*

Immédiatement après éjaculation, le sperme est déposé dans une étuve à 37° C pour assurer sa liquéfaction (environ 30 min). Au terme de celle-ci, l'examen est réalisé. Un aspect anormal, tel qu'une hémospermie, ou une forte viscosité doit être notée.

- **pH :** Le pH du sperme est normalement compris entre 7,4 et 8,0. Des valeurs trop faibles peuvent être le reflet d'un défaut de sécrétion des vésicules séminales (normalement alcalines) alors qu'un pH nettement alcalin peut révéler une insuffisance des sécrétions prostatiques (normalement légèrement acides).
- **Volume :** Il traduit essentiellement les capacités sécrétoires des glandes annexes. Une hyperspermie (volume > 6 ml) est généralement le témoin d'une hypersécrétion des vésicules séminales qui normalement forment l'essentiel du volume de l'éjaculat et ne doit pas être considérée comme pathologique. Par contre, lorsqu'il n'existe pas de problème lié au recueil (perte d'une fraction de l'éjaculat), l'hypospermie (volume < 2 ml) peut s'expliquer soit par un trouble

de l'éjaculation, soit par une insuffisance sécrétoire de l'une des glandes annexes pouvant être liée à une infection (prostatite, vésiculite) ou à l'absence même de vésicules séminales.

- **Nombre de spermatozoides :** Il est exprimé en concentration (millions/ml). Si aucun spermatozoïde n'est observé par la technique classique, il est nécessaire de rechercher les spermatozoïdes dans le culot de centrifugation du sperme, avant de conclure ou non à une azoospermie.
- **Mobilité :** La mobilité appréciée au microscope optique est exprimée en pourcentage de spermatozoïdes mobiles. Une évaluation qualitative est réalisée de façon subjective en différenciant les spermatozoïdes se déplaçant suivant une trajectoire sensiblement linéaire de ceux mobiles sur place ou ne progressant que très faiblement. L'examen est réalisé dans l'heure qui suit la liquéfaction avec un suivi de 4 heures. Des systèmes d'analyse vidéomicrographique assistée par ordinateur (système CASA) permettent une mesure automatique objective. Ces appareils ont connu un essor important ces dernières années. Leur principe est basé sur l'étude des trajectoires de la tête du gamète qui sont un bon reflet de l'activité flagellaire.
- **Vitalité :** Elle reflète le pourcentage de spermatozoïdes vivants, elle trouve son intérêt dans les cas où la mobilité est faible.
- **Cellules rondes :** Les cellules épithéliales de l'urètre, les cellules germinales immatures et les leucocytes sont regroupés sous ce terme de «cellules rondes». Dans les cas où ce nombre est élevé, les polynucléaires, témoins d'un foyer infectieux doivent être précisément recherchés en utilisant des colorations spécifiques basées le plus souvent sur la révélation histochimique de la péroxydase (Wolff *et al.*, 1992).

2. **Le spermocytogramme**

Il consiste à rechercher les atypies morphologiques des spermatozoïdes en microscopie optique. La plupart des laboratoires utilisent la classification de DAVID (David *et al.*, 1975) Elle distingue les anomalies de la tête, de la pièce intermédiaire et du flagelle et permet aussi de mettre en évidence les associations d'atypies au niveau

Etude bibliographique

d'une même cellule. Le nombre moyen d'anomalies par spermatozoïde peut être évalué en calculant l'index d'anomalies multiples (IAM).

## C. L'identification de nouveaux gènes impliqués dans des formes rares d'infertilité (Tératozoospermie)

Le concept de la tératozoospermie devrait peut-être être revu car il est basé sur l'identification des formes atypiques de spermatozoïdes, mais sans prendre en compte la cause de l'anomalie. Il parait important d'essayer de trouver l'étiologie de l'anomalie responsable des anomalies observées.

Une évaluation de la morphologie des spermatozoïdes présentant une forme anormale par immunohistochimie ou bien une analyse moléculaire peut permettre une caractérisation des anomalies des spermatozoïdes. Cette approche va au-delà de la morphologie des spermatozoïdes, l'idée principale est d'apporter un éclairage sur la physiopathologie des anomalies des spermatozoïdes basée sur l'étude des modifications structurales et moléculaires de différentes composantes de la spermatogenèse.

La spermiogénèse est un processus spécifique des cellules germinales mâles haploïdes nécessitant souvent des gènes spécifiques. Il est estimé qu'entre 1500 et 2000 gènes sont impliqués dans le contrôle de la spermatogénèse parmi lesquels 300 à 600 spécifiquement exprimés dans les cellules germinales masculines (Coutton *et al.*, 2012 a).

Très peu d'études ont été effectuées chez l'homme. Cependant des études faites sur le modèle murin infertile, dont certains gènes ont été invalidés a permis de corréler un nombre important de ces gènes à l'infertilité. Actuellement, près de 250 gènes ont été reliés de façon plus ou moins forte à l'infertilité (Matzuk and Lamb *et al.*,2008).

Deux approches génétiques peuvent être utilisées pour identifier des mutations géniques responsables de pathologies humaines : l'approche gène candidat et l'approche positionnelle par analyse globale du génome.

Etude bibliographique

L'approche gène candidat est généralement utilisée comme stratégie diagnostique quand la corrélation génotype- phénotype est établie entre un gène et une pathologie. Cette stratégie peut également être utilisée pour des gènes connus souvent grâce à l'étude de souris knock-out (KO), qui mettent en évidence un phénotype évocateur d'une pathologie humaine. Bien que de nombreuses souris KO présentent des phénotypes d'infertilité masculine, l'analyse génétique de ces gènes dans des cohortes de patients infertiles a donné des résultats négatifs ou incertains.

Pour chaque syndrome, plusieurs formes cliniques ont été décrites, comme nous le verrons plus précisément dans l'analyse détaillée de ces différentes pathologies, suggérant que plusieurs gènes, ou mutations du même gène, peuvent être impliqués dans leur étiopathogénie.

1. Les anomalies de la tête du spermatozoïde

   a. *La globozoospermie*

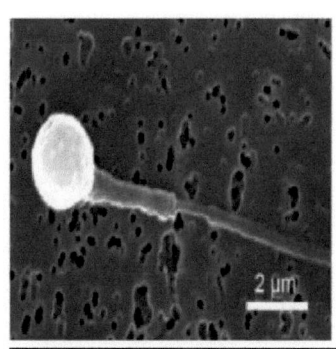

Figure 21 : Spermatozoïde humain gloobocéphale

Jusqu'à présent, une dizaine de gènes ont été décrits comme étant impliqués dans la biogenèse acrosomiale et dans la spermiogenèse d'une manière générale chez la souris. Parmi ces gènes, au moins six sont responsables du phénotype de globozoospermie chez la souris. La globozoocéphalie se caractérise, dans sa forme typique (type 1), par la présence de 100 % de spermatozoïdes qui présentent des têtes spermatiques globuleuses, dépourvues d'acrosome.

On distingue différents types de globozoocéphalie en fonction du taux de spermatozoïdes dépourvus d'acrosome (figure 21). Cette anomalie s'associe

53

fréquemment à une désorganisation de la pièce intermédiaire et du flagelle. Le spermogramme de ces patients montre donc une numération et une mobilité spermatique en général normale, associée à une altération majeure de la morphologie. La globozoocéphalie peut toucher l'ensemble des spermatozoïdes de l'éjaculat quand elle est totale, ou une fraction des spermatozoïdes de l'éjaculat lorsqu'elle est partielle. Au total, l'absence d'acrosome est à l'origine d'une incapacité de ces spermatozoïdes à traverser la zone pellucide. De tels spermatozoïdes peuvent être présents en petite quantité dans le sperme normal, avec un pourcentage variant selon les études de 0,1 à 6 % et il est significativement plus élevé chez les hommes infertiles que chez les hommes fertiles (Kalahanis *et al.,* 2002). Il aura fallu plus de 35 ans pour identifier la première cause génétique de la globozoocéphalie et ce, malgré la création de nombreux modèles murins et la certitude d'une cause génétique à ce syndrome par l'observation de fratries de patients atteints.

Dès les années 1970, l'étude de fratries de patients présentant une globozoocéphalie a fait émettre l'hypothèse d'une cause génétique pour expliquer la survenue de cette anomalie (Holstein *et al.,* 1973). Le développement de nombreux modèles murins a permis l'identification de mâles infertiles présentant des anomalies spermatiques dont la globozoocéphalie. Il a été démontré que les gènes *Gopc*, *Hrb*, *Csnk2a2*, *Gba2*, *Pick1*, *Zpbp1-2*, *Hook1* (Pierre *et al.,* 2012), intervenaient dans les différentes étapes de formation de l'acrosome. Les études menées chez les souris mutées ont objectivé le rôle de ces gènes non seulement dans la formation de l'acrosome mais aussi dans l'allongement de la tête spermatique ainsi que l'agencement de la pièce intermédiaire et du flagelle (Liu *et al.,* 2010).

Le développement des techniques de génétique moléculaire a permis de réaliser un génotypage complet du génome afin d'identifier des régions d'homozygotie qui sont susceptibles d'héberger des altérations géniques dans les familles de patients atteints d'une même pathologie. Cette stratégie a récemment permis d'identifier deux gènes impliqués dans ce phénotype de globozoospermie chez l'homme.

➤ *Le gène SPATA16*

## Etude bibliographique

L'étude d'une famille présentant trois frères atteints de globozoospermie et trois frères fertiles a permis (**Dam** *et al.,*, 2007) de mettre en évidence une mutation à l'état homozygote dans un gène spécifique de la spermatogenèse : *SPATA16*.

Cette mutation est responsable de l'anomalie dans la famille étudiée. Le gène *SPATA16* est localisé sur le chromosome 3 en position q26.31, et il est composé de 11 exons. Ce gène code pour une protéine de l'appareil de Golgi, et sa localisation est importante au niveau des vésicules proacrosomiques. La protéine SPATA16 n'est exprimée que dans le testicule. La mise en évidence de l'implication de cette mutation dans la globozoospermie a initié sa recherche chez d'autres patients porteurs du même phénotype. Cependant aucune autre mutation sur le gène *SPATA16* n'a pu être identifiée sur une large cohorte de patients globozoocéphales. Ces données laissant suggérer que malgré un phénotype commun, la globozoospermie n'est pas homogène du point de vue génétique.

> ### Le gène Dpy19L2

Une étude a été initiée dans notre équipe à partir d'une cohorte de patients présentant une globozoocéphalie de type 1. Une majorité des patients étaient nés de parents apparentés et avaient une origine géographique commune laissant penser que certains pouvaient être porteurs d'une même mutation homozygote héritée d'un ancêtre commun.

La stratégie de cartographie d'homozygotie a permis à notre équipe de découvrir un nouveau gène *DPY19L2* muté localisé au niveau d'une région d'homozygotie commune à 9 de nos patients (Harbuz *et al.*, 2011). La fonction de ce gène était alors inconnue chez l'homme. Une seule étude avait démontré que *DPY19*, l'orthologue du gène humain chez le ver Caenorhabditis elegans, était nécessaire à la polarité et à la migration des neuroblastes durant l'embryogenèse (Honigberg and Kenyon, 2000). La fonction pouvait donc être compatible avec l'absence d'acrosome et l'incapacité des spermatozoïdes des patients globozoocéphales à achever l'élongation de la tête spermatique. Après des analyses moléculaires, notre équipe a pu identifier une délétion génomique totale du gène *DPY19L2* chez 9 des 11 patients analysés.

## Etude bibliographique

L'analyse fine des séquences en amont et en aval de ce gène a permis de montrer que celui-ci était flanqué de part et d'autre de séquences dupliquées (LCR pour low copy repeat), à l'origine de recombinaison homologue déséquilibrée. Ces séquences favorisent la survenue de la délétion par un mécanisme de recombinaison homologue non allélique (NAHR) régulièrement observé en pathologie humaine. Cela explique donc, la présence d'une même délétion homozygote du gène *DPY19L2* chez des patients non apparentés. Cette délétion, à l'état hétérozygote, était d'ailleurs rapportée, dans les bases de données, comme un variant chromosomique sans impact (Shaikh *et al.*, 2009).

Nous avons par la suite confirmé sur une série de 31 patients que des anomalies moléculaires du gène *DPY19L*, *principalement des délétions mais également des mutations nucléotidiques*, étaient retrouvées chez 84% des patients analysés (Coutton *et al.*, 2012 b).

### b. Le syndrome des spermatozoïdes macrocéphales

Le gène aurora kinase C (*AURKC*) est le premier gène décrit affectant directement la méiose humaine et responsable du phénotype des spermatozoïdes macrocéphales. Le gène *AURKC* code pour une sérine/thréonine kinase appartenant à la famille des Auroras. Il est exprimé préférentiellement dans les testicules et impliqué dans la ségrégation des chromosomes. La mutation initiale (c.144delC) induit la production d'une protéine non-fonctionnelle, tronquée dans son domaine kinase. La présence de cette mutation à l'état homozygote entraine la non-ségrégation des chromosomes durant la méiose et un échec de la cytokinèse (Dieterich *et al.*, 2007).

Cette partie sera détaillée dans le chapitre I.

### 2. Les anomalies qui touchent la pièce intermédiaire du spermatozoïde

#### a. Les spermatozoïdes sans tête (décapités, acéphaliques, pinheads) ou flagelles isolés

C'est une affection rare chez l'homme qui se manifeste par une infertilité primaire et une oligo-asthéno-tératozoospermie liées à une grande fragilité de la jonction de la tête et du flagelle du spermatozoïde. Elle peut correspondre à un défaut de migration du centriole au pôle caudal du noyau de la spermatide durant la spermatogenèse.

En microscopie optique, ce phénotype est le plus souvent homogène avec l'observation de très nombreux flagelles mobiles dépourvus de têtes, et de très nombreuses têtes dépourvues de flagelles. La séparation de la tête et du flagelle a certainement lieu dans le testicule ou dans l'épididyme. Les flagelles sans tête sont cependant mobiles et pénètrent dans le mucus cervical.

En microscopie électronique, la cause principale est l'absence de plaque basale au niveau de la partie postérieure du noyau (Baccetti *et al.*, 1984). L'étiopathogénie de ce syndrome n'est pas claire, il s'agit probablement d'une défaillance de la fonction du centriole/centrosome proximal, celui-ci étant incapable d'induire la formation de la fossette d'implantation et de la plaque basale, soit parce qu'il ne peut migrer jusqu'au pôle caudal du noyau du spermatozoïde, soit parce qu'il présente une anomalie fonctionnelle (Guichaoua *et al.*, 2009).

Baccetti et al. ont décrit une surproduction de vésicules provenant de l'appareil de Golgi chez un homme présentant le syndrome des spermatozoïdes décapités, elles empêcheraient la fixation du centriole au noyau (Baccetti *et al.*, 1984).

Les patients atteints de ce syndrome présentent une stérilité primaire sans autre désordre andrologique et la fécondation naturelle ne peut pas avoir lieu du fait de l'absence de mobilité des spermatozoïdes. Le seul traitement est la fécondation assistée avec injection des spermatozoïdes dans l'ovocyte (ICSI).

### 3. Les phénotypes pathologiques flagellaires

Nous distinguons deux grands groupes de phénotypes pathologiques flagellaires : la dysplasie de la gaine fibreuse (DFS), et la dyskinesie ciliaire primitive (DCP) (ce groupe a été détaillé au niveau de la partie des ciliopathies).

## Etude bibliographique

La dysplasie de la gaine fibreuse (dysplasia of the fibrous sheat [DFS]) est visible à l'examen des spermatozoïdes en microscopie optique, et elle fait partie du groupe des anomalies flagellaires primitives qui constituent une vaste entité regroupant les altérations sévères de la mobilité liées à diverses anomalies de structure du flagelle. Elle se manifeste par la présence d'un flagelle court, épais et de calibre irrégulier.

Cette anomalie associe un défaut de croissance de l'axonème à des anomalies de la gaine fibreuse, l'axonème pouvant être intact ou présenter des anomalies, telles que l'absence de microtubules centraux et/ou de bras de dynéine (Guichaoua *et al.,* 2009).

La diversité des structures impliquées dans le mouvement du spermatozoïde et les variétés d'anomalies ultrastructurales observées suggèrent qu'un grand nombre de gènes est impliqué dans ce groupe de pathologie.

Cette partie sera détaillée dans le chapitre II.

# *Chapitre II : Le Syndrome de Spermatozoïdes Macrocéphales*

**Article 1:** A new AURKC mutation causing macrozoospermia: implications for human spermatogenesis and clinical diagnosis.

**Article 2:** Identification of a new recurrent Aurora kinase C mutation in both European and African men with macrozoospermia.

*Chapitre I : spermatozoïdes macrocéphales*

*INTRODUCTION*

**Après une revue de la littérature sur les spermatozoïdes macrocéphales nous exposerons les résultats de l'identification de nouvelles mutations du gène *AURKC*, chez des patients porteurs de spermatozoïdes macrocéphales. Ces résultats ont fait l'objet de deux publications scientifiques.**

I. Les spermatozoïdes macrocéphales :

### A. La description du phénotype des spermatozoïdes macrocéphales

Le syndrome des spermatozoïdes macrocéphales est classiquement décrit comme une atteinte de l'ensemble de la population gamétique. Typiquement, les patients porteurs de spermatozoïdes macrocéphales présentent une infertilité primaire caractérisée par une tératozoospermie à 100 %. Ce phénotype a été décrit la première fois il y a 35 ans et de nouveaux cas ont été signalés régulièrement depuis (Escalier, 1983 ; German *et al.*,1981 ; Chelli *et al.*, 2010; Perrin *et al.*, 2008)( figure 22) .

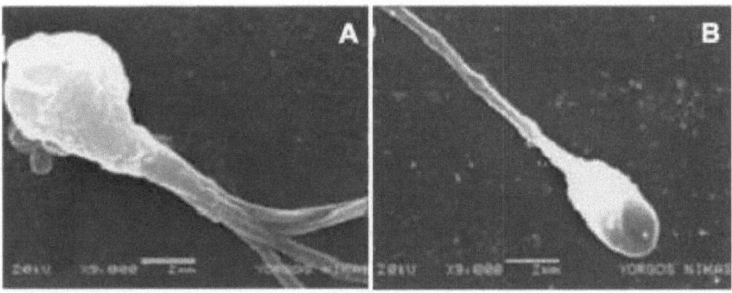

**Figure 22 : Spermatozoïdes macrocéphale et multiflagelle (A) comparé à un spermatozoïdes typique (B). Photographies réalisées en microscopie électronique à balayage (Harbuz *et al.*, 2009).**

En 1977, l'équipe de Nistal rapporte pour la première fois un cas

*Chapitre I : spermatozoïdes macrocéphales*

*INTRODUCTION*

d'asthénotératospermie associant plusieurs anomalies caractéristiques des spermatozoïdes : une augmentation de la taille de la tête avec irrégularité de ses contours, et un nombre de flagelle variable (compris entre 0 et 4) (Nistal *et al.*, 1977).

Par la suite une étude effectuée par l'équipe du Dr Escalier en 1983, a porté sur six patients qui présentent 100% de spermatozoïdes macrocéphales. Une série d'anomalies ultrastructurales a été trouvée, comprenant essentiellement un volume de la tête augmenté par un facteur de 3 à 4. Il y avait en moyenne 3 à 4 flagelles pour chaque spermatozoïde.

### B. Origine génétique du syndrome des spermatozoïdes macrocéphales ?

L'origine génétique de ce syndrome a été suspectée à deux reprises, d'après différents éléments tel que l'aspect homogène des spermatozoïdes présents dans un même éjaculat et la présence fréquente d'une histoire familiale d'infertilité.

La première observation s'est basée, sur une série de 17 patients présentant des spermatozoïdes macrocéphales. Plus de la moitié de ces patients présentaient une histoire familiale d'infertilité masculine. Les patients ne présentaient pas de caractéristique ethnique commune, l'existence d'une consanguinité parentale n'a pas été recherchée, et les caryotypes, réalisés chez 10 patients, étaient normaux (Kahraman *et al.*, 1999).

La seconde observation décrit une forme familiale de ce syndrome dans laquelle deux frères infertiles sont porteurs d'une forme homogène. Le caryotype, réalisé sur l'un des deux frères seulement, s'est révélé normal. Il n'existe pas de consanguinité entre les parents de ces deux patients (Benzacken *et al.*, 2001).

### C. Perturbation méiotique à l'origine des spermatozoïdes macrocéphales ?

D'après l'étude effectuée par Benzacken en 2001, la taille anormale de la tête chez les spermatozoïdes macrocéphales est due à la présence de plusieurs noyaux dans le même cytoplasme, et ceci pourrait être la conséquence d'une perturbation de la $1^{ère}$ et

*Chapitre I : spermatozoïdes macrocéphales*

*INTRODUCTION*

de la 2$^{ème}$ division méiotique (Benzacken *et al.*, 2001). En effet, il a été rapporté chez la souris et chez la drosophile, que la différenciation des spermatides en spermatozoïdes peut s'effectuer sans l'achèvement de la méiose (Mori *et al.*, 1999).

Une autres étude, effectuée par l'équipe du Dr Escalier a montré que chez l'homme les spermatozoïdes macrocéphales peuvent se différencier en dépit des altérations de la division méiotique (Escalier 1999).

Des anomalies chromosomiques ont rapidement été détectées au niveau de ces spermatozoïdes (Benzacken *et al.*, 2001) laissant penser que les mécanismes impliqués dans la physiopathologie du syndrome de spermatozoïde macrocéphale sont associés à un défaut de division méiotique.

### D. Spermatozïdes macrocéphales et FISH (Fluorecent In Situ Hybridization)

Il a été démontré en de nombreuses occasions grâce à l'utilisation de la technique d'hybridation fluorescente in situ (FISH pour Fluorescent In Situ Hybridization) que les spermatozoïdes macrocéphales présentaient un taux extrêmement élevé d'anomalies chromosomiques.

Dans les multiples études réalisées sur ces spermatozoïdes, le nombre de spermatozoïdes interprétés comme haploïdes varie de 0 à 8 %, comme diploïdes de 20 à 60 %, comme triploïdes de 10 à 62 % et comme tétraploïdes de 5 à 36 % (Perrin *et al.*, 2007 ; Guthauser *et al.*, 2006 ; Devillard *et al.*, 2002 ; Mateu, *et al.*, 2006 ; Benzacken *et al.*, 2001) (Figure 23) .

**Figure 23 : Contenu chromosomique anormal des spermatozoïdes macrocéphales.** Hybridation fluorescente in situ avec des sondes pour le chromosome 18 (vert), X (rouge) et Y (bleu) sur les spermatozoïdes d'un patient infertile possédant 100% de spermatozoïdes macrocéphales (grossissement x 1000). Adapté In't Veld *et al.*, 1997

*Chapitre I : spermatozoïdes macrocéphales*

INTRODUCTION

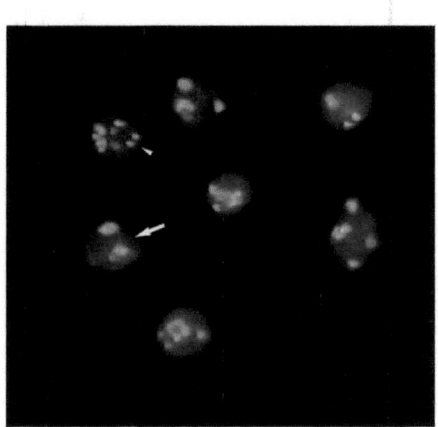

### E. ICSI et spermatozoïdes macrocéphales

Des injections intra-cytoplasmiques (ICSI) ont été tentées pour des couples dont les hommes présentent dans leur échantillon de sperme une proportion élevée de spermatozoïdes macrocéphales associés à des flagelles multiples. Elles ont permis d'obtenir des grossesses, mais avec des taux de fécondation et de grossesses (9,1%) inferieurs a ceux obtenus chez les couples dont l'homme présente une tératospermie polymorphe d'importance équivalente (40%) (Kahraman *et al.*, 1999).

Ce faible taux de fécondation et de grossesse probablement associés à l'incidence élevée d'anomalies chromosomiques a été décrite précédemment.

### F. Classification des spermatozoïdes macrocéphales

L'analyse cytogénétique du complément chromosomique des spermatozoïdes macrocéphales a montré que cette anomalie est directement et constamment corrélée à la présence d'anomalies chromosomiques. Cette observation évoque un déficit de division méiotique d'où l'appellation MDD (Meiotic Division Deficiency) (Escalier, 2002) (figure 24).

Ce syndrome est caractérisé par l'association de signes morphologiques très caractéristiques qui permettent d'en faire aisément le diagnostic : une augmentation très importante du volume de la tête, une forme irrégulière de la tête et de l'acrosome, et la

63

*Chapitre I : spermatozoïdes macrocéphales*

INTRODUCTION

présence inconstante de plusieurs flagelles. A coté de la forme classique étiquetée type 1, Escalier décrit un type 2 avec un arrêt au cours de la spermiogenèse et un type 3 dans lequel les spermatozoïdes macrocéphales présentent un arrêt de la croissance de l'axonème et des anomalies périaxonémales (Escalier, 2002).

**Rappel de la division méiotique**

La reproduction sexuée repose sur la réduction du nombre de chromosomes au cours de la méiose et ce par la production de gamètes haploïdes à partir de précurseurs diploïdes. Au cours de la méiose, l'ADN subit une seule réplication suivie par deux divisions méiotiques appelées méiose I et méiose II. La première division est dite réductionnelle car elle divise par deux le nombre de chromosomes. Les cellules passent de l'état diploïde (2n chromosomes) à l'état haploïde (n chromosomes). La deuxième division est dite équationnelle car elle maintient le même nombre de chromosomes dans chaque cellule par séparation des chromatides. La prophase I assure le brassage des gènes par recombinaison entre les chromatides non-sœurs des chromosomes homologues. La prophase est divisée en cinq stades : leptotène, zygotène, pachytène, diplotène et diacinèse. La métaphase I correspond au moment où la totalité des chromosomes sont alignés dans le plan équatorial. Ils sont maintenus sous tension par les kinétochores et les microtubules associés attachés aux pôles opposés du fuseau. Lorsque tous les chromosomes sont parfaitement alignés, la cellule peut alors passer en anaphase. Au cours de l'anaphase les bivalents se séparent, chacun migre vers un pôle du fuseau pour former deux lots. Il y a donc une ségrégation indépendante des centromères auxquels sont associées des chromosomes chimères (mélange paternel/maternel). Après la formation de l'enveloppe nucléaire autour de chaque lot chromosomique durant la télophase vient la dernière étape qui est la cytokinèse et qui consiste en la séparation des deux cellules filles. En M2 la ségrégation des chromatides aux pôles opposés du fuseau se produit à travers un processus similaire à la mitose et génère des gamètes haploïdes.

*Chapitre I : spermatozoïdes macrocéphales*

*INTRODUCTION*

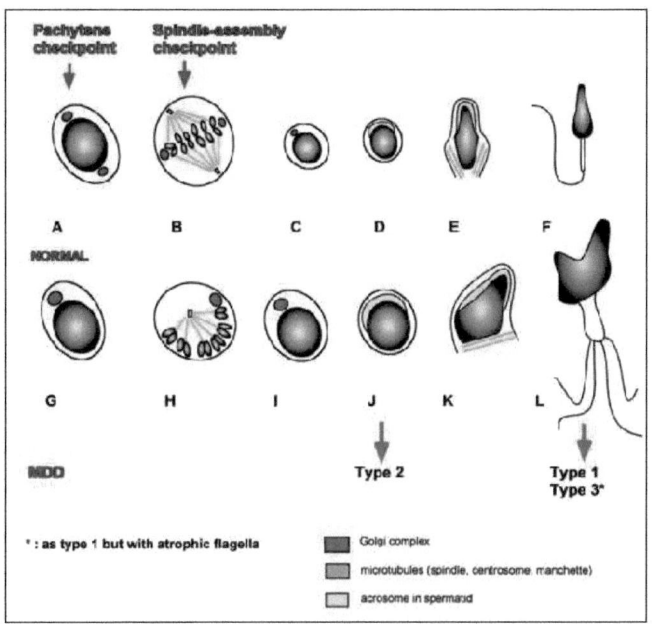

**Figure 24 : Anomalies méiotiques et post-méiotique caractérisant la Déficience de Division Méiotique. (A à F)** des évènements de la spermatogenèse normale. **(G)** Défaut de la partition des organites dans les spermatocytes à la fin du stade pachytène, néanmoins les spermatocytes réussissent à échapper au point de contrôle **(H)** la rupture de l'enveloppe nucléaire s'est produite et les chromosomes sont condensés et disposés en pré-métaphase. Les spermatocytes ne parviennent pas à construire un fuseau méiotique bipolaire. **(I)** Les cellules germinales MDD sont capables de reconstituer un noyau et d'exécuter des évènements de spermiogénèse donnant lieu à des spermatozoïdes macrocéphales. **(J)** Dans le type 2 (MDD) la spermiogénèse est arrêtée durant l'étape de l'acrosome. **(K)** Les types 1 et 3 (MDD) sont capables d'une certaine mise en forme de la tête du spermatozoïde mais la présence de microtubules unilatérale conduit à une forme nucléaire asymétrique. **(L)** Pour ces mêmes types, la spermatogenèse évolue afin de donner naissance à des spermatozoïdes matures caractérisés par la présence d'un noyau géant et 4 flagelles. Dans le type 3 (MDD) une

65

*Chapitre I : spermatozoïdes macrocéphales*

*INTRODUCTION*

anomalie de la spermatogenèse supplémentaire est observée au niveau de la croissance axonémale qui conduit à la réduction de la taille de l'axonème ainsi que la désorganisation de sa structure (Escalier, 2002).

Au cours de la division cellulaire, les mouvements des organites cellulaires nécessitent la déstabilisation du réseau de microtubules et la présence de kinases mitotiques qui interagissent avec les protéines associées à des organites phosphorylés. Etant donné le grand nombre de facteurs et d'enzymes normalement accumulés au cours du stade pachytène nécessaires pour déclencher la première division de la méiose, de nombreux gènes semblent pouvoir être impliqués dans la survenue du syndrome SM (Escalier, 2002).

## II. La découverte de l'implication du gène *AURKC* (Aurora Kinase C) dans le phénotype des SM

En 2007, notre équipe a utilisé une approche positionnelle avec un kit de 400 marqueurs microsatellites, afin d'effectuer une analyse du génome entier sur neuf hommes d'origine nord-africaine présentant 100 % de spermatozoïdes macrocéphales (SM). La même mutation homozygote a été identifiée sur le gène *AURKC* (c.144delC) chez l'ensemble des patients testés.

Le gène de l'aurora kinase C (*AURKC*) est l'unique gène dépisté chez des individus porteurs de spermatozoïdes macrocéphales avec une infertilité primaire caractérisée par une tératozoospermie à 100%.

La mutation récurrente c.144delC du gène *AURKC* entraîne, à l'état homozygote, un décalage du cadre de lecture avec un arrêt prématuré de la traduction et la production d'une protéine non fonctionnelle tronquée de son domaine kinase. Ceci va entrainer la non ségrégation des chromosomes durant la méiose associée à un échec de la cytokinèse (Figure 26) qui conduit à un blocage de la spermatogénèse avant la première division méiotique (Dieterich *et al.*, 2009). Après étude des haplotypes, il est ressorti que cette mutation a dérivé d'un ancêtre commun apparu il y a environ 15 siècles. Tous les patients présentent un haplotype commun ce qui a permis à notre équipe de conclure que tous avaient un ancêtre commun qui vivait il y a environ 15

*Chapitre I : spermatozoïdes macrocéphales*

*INTRODUCTION*

siècles.

La prévalence de la mutation c.144delC dans la population générale Nord-Africaine est de 1/50 soit une fréquence de la maladie dans la population magrébine de l'ordre de 1/10000. Cette fréquence est comparable à la fréquence des microdélétions du chromosome Y à ce jour estimée comme l'événement génétique non-chromosomique le plus fréquent altérant la spermatogenèse.

En 2009, notre équipe a identifié chez deux frères qui étaient porteurs de la mutation c.144delC et d'une nouvelle mutation dans l'exon 6 : p.Cys 229Tyr (c.686>A). Cette substitution se situe sur le nucléotide 686 qui est conservé parmi 12 espèces jusqu'au tétradon et a pour conséquence le remplacement d'une cystine par une tyrosine, deux acides amines présentant de grandes différences physico-chimiques (Dieterich *et al.*, 2009).

## A. Confirmation de la Tétraploïdie des SM par la technique de cytométrie en flux

Plusieurs études effectuées par hybridization fluorescente in situ (FISH) ont démontré que les SM présentent un taux élevé d'anomalies chromosomiques et que tous les spermatozoïdes chez les patients macrocéphales, étaient aneuploïdes ou polyploïdes (tétraploïdies et diploïdies, plus rarement triploïdies (Devillard *et al.,*, 2002 ; Mateu *et al.*, 2006 ; Guthauser *et al.*, 2006 ; Perrin *et al.*, 2008).

Il est difficile d'imaginer le mécanisme qui permettrait d'obtenir une telle hétérogénéité chromosomique gamétique.

Afin d'élucider ce problème, notre équipe a pu développer une technique de cytométrie en flux pour mesurer directement la quantité d'ADN présente dans ces SM. Quatre échantillons de sperme appartenant à quatre patients homozygotes pour la mutation c.144delC ont été analysés par cytométrie en flux. Les résultats indiquent que tous les spermatozoïdes étaient en fait tétraploïdes (Figure 25 et 26) (Dieterich *et al.*, 2009).

*Chapitre I : spermatozoïdes macrocéphales*

INTRODUCTION

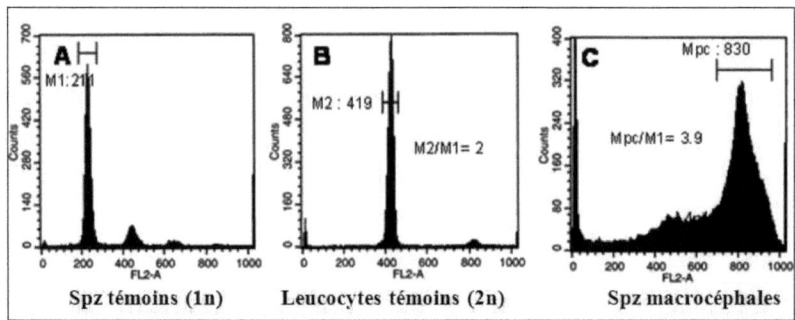

**Figure 25 : Histogramme de cytométrie en flux obtenu après décondensation et marquage de l'ADN à IP.A)** spermatozoïdes normaux provenant d'un donneur fertile (1n). **B)** Des leucocytes (2n). **C)** spermatozoïdes de patients porteurs de la mutation c.144delC à l'état homozygote (4n). L'axe des abscisses (FL2-A) représente l'intensité de la fluorescence sur une échelle linéaire. Il est directement proportionnel à la quantité d'ADN fixée par chaque cellule analysée. L'axe des ordonnées représente le nombre de cellules et évènements analysés sur une échelle linéaire.

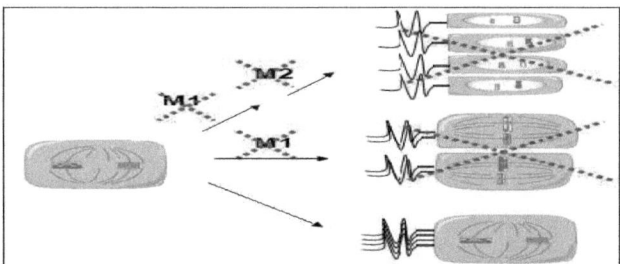

**Figure 26 : L'absence de la protéine AURKC entraîne un blocage des deux divisions méiotiques.** Chez l'homme fertile le spermatocyte va subir deux divisions méiotiques (M1, M2) qui vont permettre de produire quatre gamètes haploïdes (contenu en ADN de 1C). Le blocage méiotique pourrait se produire après la première division méiotique (M1) mais on a pu observer que les spermatozoïdes macrocéphales étaient tétraploïdes (ils ont un contenu en ADN de 4C). Ces données indiquent que l'absence d'une protéine fonctionnelle AURKC entraîne un blocage de la spermatogenèse après la synthèse de l'ADN mais avant la 1$^{\text{ère}}$ division méiotique (Dieterich *et al.*, 2009).

68

*Chapitre I : spermatozoïdes macrocéphales*

*INTRODUCTION*

## B. Comment expliquer les résultats des analyses par FISH des études précédentes ?

Une majorité des spermatozoïdes analysés par FISH apparait comme diploïdes, ceci nous indique que la majorité des chromosomes homologues a initié sa ségrégation mais que les deux chromatides sont restées à proximité et apparaissent comme un seul signal FISH. Un petit pourcentage de spermatozoïdes apparaissant comme haploïde après l'analyse, indiquant que les bivalents ne sont pas séparés et que les quatre chromatides adjacentes donnent un seul signal après l'hybridation par FISH. Enfin des spermatozoïdes tétraploïdes ont également été détectés par FISH indiquant que pour ces gamètes les chromatides et les bivalents sont suffisamment séparés pour permettre l'identification de quatre signaux distincts.

La différence observée entre les résultats par cytométrie et par FISH met clairement en évidence les limites de la FISH et montre que dans des situations particulières comme celle-ci, la superposition des signaux peut conduire à une sous-estimation très importante du nombre de chromosomes/chromatides.

## C. La protéine Aurora Kinase C : AURKC

### 1. Les Aurora kinases :

Les protéines kinases sont des enzymes qui catalysent les réactions de phosphorylation des acides aminés ayant une fonction alcool : serine, thréonine et tyrosine. De nombreuses protéines kinases sont essentielles au déroulement du cycle cellulaire. Parmi celle-ci, les protéines de la famille Aurora sont des sérine/thréonine kinases qui ont des rôles importants dans la régulation du cycle cellulaire (Kimmins *et al.*,2007). En raison du grand nombre d'appellations attribuées à chacune de ces kinases, il a été proposé une nomenclature, sous les noms d'Aurora-A, -B et –C, les classant selon leur degré d'homologies de séquence et de fonction. Le nom attribué à cette famille correspond au nom du premier gène cloné chez la *D. melanogaster,* qui muté, entraine la formation de fuseaux de divisions monopolaires évoquant des figures d'aurore boréale (Bolton *et al.,*2002 ; Glover *et al.,* 1995). Ces protéines kinases participent à la régulation centrosomale et aux fonctions microtubulaires, en assurant la

*Chapitre I : spermatozoïdes macrocéphales*

INTRODUCTION

ségrégation correcte des chromosomes et l'achèvement efficace de la cytokinèse. La structure primaire des protéines Aurora est très divergente dans la partie N-terminale et très conservée dans la partie C-terminale (Figure 27 et 28).

```
Aurora-A    EESKKRQWALEDFEIGRPLGKGKFGNVYLAREKQSKFILALKVLFKAQLEKAGVEHQLRR 180
Aurora-B    ------HFTIDDFEIGRPLGKGKFGNVYLAREKKSHFIVALKVLFKSQIEKEGVEHQLRR  54
Aurora-C    SSPAMRRLTVDDFEIGRPLGKGKFGNVYLARLKESHFIVALKVLFKSQIEKEGLEHQLRR  87
            :  ::: **********************  *: *: **: *******: *: **  *: ******

Aurora-A    EVEIQSHLRHPNILRLYGYFHDATRVYLILEYAPLGTVYRELQKLSKFDEQRTATYITEL 240
Aurora-B    EIEIQAHLHHPNILRLYNYFYDRRRIYLILEYAPRGELYKELQKSCTFDEQRTATIMEEL 114
Aurora-C    EIEIQAHLQHPNTLRLYNYFHDARRVYLILEYAPRGELYKELQKSEKLDEQRTATIIEEL 147
            *: ***: **: ********  **: *    *: **********#*#: *#****    : ******* :  **

Aurora-A    ANALSYCHSKRVIHRDIKPENLLLGSAGELKIADFGWSVHAPSSRRTTLCGTLDYLPPEM 300
Aurora-B    ADALMYCHGKKVIHRDIKPENLLLGLKGELKIADFGWSVHAPSLRRKTMCGTLDYLPPEM 174
Aurora-C    ADALTYCHDKKVIHRDIKPENLLLGFRGEVKIADFGWSVHPSLRRKTMCGTLDYLPPEM 207
            *: ** *** *: **************    **: ***********: ** **  *: **************

Aurora-A    IEGRMIDEKVDLWSLGVLCYEFLVGKPPFEANTYQETYKRISRVEFTFPDFVTEGARDLI 360
Aurora-B    IEGRMHNEKVDLWCIGVLCYELLVGNPPFESASHNETYRRIVKVDLKFPASVPTGAQDLI 234
Aurora-C    IEGRTYDEKVDLWCIGVLCYELLVGYPPFESASHSETYRRILKVDVRFPLSMPLGARDLI 267
            ****  :: ******  : ****** : *** ****   :: ***: **  :*:     **    : **: ***

Aurora-A    SRLLKINPSQRPMLREVLEHPWITANSSKPSNCQNKESASKQS   403
Aurora-B    SKILRHNPSERLPLAQVSAHPWVRANSRRVLPPSALQSVA---  274
Aurora-C    SRLLRYQPLERIPLAQILKHPWVQAHSRRVLPPCAQMAS----  306
            *: **: ::: *  : *   *   ::    ***: *: *  :
```

**Figure 27 : Alignement des séquences en acides aminés des trois auroras kinases humaines.** Les acides aminés conservés sont indiqués par des astérisques marron tandis que les trois résidus non conservés dans cette région sont indiqués en rouge (Bolanos-Garcia, 2005).

La partie N-terminale est un domaine riche en résidus basiques, elle est de longueur et de séquence très variable d'une aurora à l'autre. Des études ont permis de prouver que c'est cette partie amino-terminale des protéines Aurora qui détermine leur localisation (Giet and Prigent, 2001). En effet, chaque kinase possède une localisation cellulaire spécifique aux étapes de la division cellulaire :

- La protéine Aurora-A est présente au niveau des centrosomes et des pôles du fuseau mitotique.
- La protéine Aurora-B se localise au niveau des kinétochores jusqu'à la transition métaphase/anaphase, puis sur la partie centrale du fuseau.
- La protéine Aurora-C s'exprime principalement dans les cellules germinales

*Chapitre I : spermatozoïdes macrocéphales*

INTRODUCTION

mâles, dans lesquelles elle a une localisation centrosomale en anaphase uniquement (Nigg, 2001).

La partie C-terminale des Aurora kinases est un domaine catalytique d'une longueur d'environ 250 acides aminés. Il est organisé en douze sous-domaines, ce qui est une caractéristique fréquente des sérine/thréonine kinases (Hanks *et al.*, 1988). Ce domaine est commun aux trois Auroras, il est marqué par une boucle d'activation de motif « xRxTxCGTx » spécifique des Aurora kinases, et par un motif de dégradation de type « D-box » (RxxL), dont la fonctionnalité a été mise en évidence pour Aurora-A (Arlot-Bonnemains *et al.*, 2001 ; Castro *et al.*, 2002).

Il existe deux types de domaines fonctionnels situés dans la partie N-terminale des protéines, la boîte de destruction D de motif oligopeptidique RxxL et la boîte de destruction KEN (K lysine ; E glutamate ; N aspartate) respectivement appelée « **D-box** » et « **KEN-box** ». Le complexe APC/Cdc20 (complexe promoteur de l'anaphase associé à la protéine Cdc20) cible les protéines possédant un motif « D-box » uniquement, alors que le complexe APC/Cdh1 (complexe promoteur de l'anaphase associé à la protéine Cdh1) reconnaît les deux motifs. Le complexe APC/Cdc20 a pour rôle principal, d'assurer la séparation des chromatides sœurs et donc la transition métaphase/anaphase.

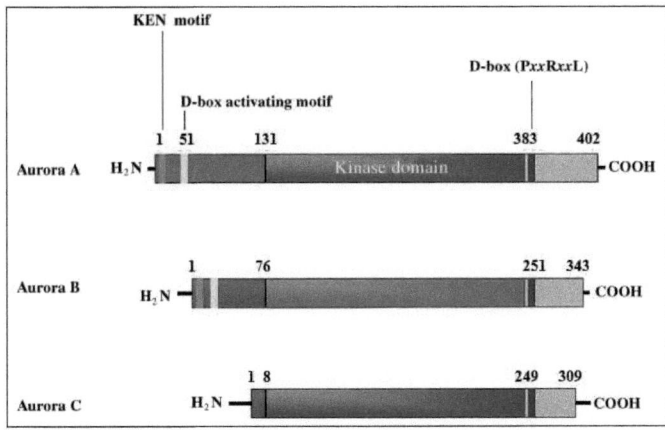

**Figure 28 : Domaine d'organisation des Aurora Kinases A, B et C** (Bolanos-Garcia,

*Chapitre I : spermatozoïdes macrocéphales*

*INTRODUCTION*

2005).

Au cours du cycle cellulaire, les trois gènes des Aurora kinases subissent une forte régulation d'expression pour chacun des trois gènes, l'abondance au niveau de l'ARNm comme au niveau protéique est faible en phase G1, augmente fortement lors de la phase G2 pour atteindre un pic au cours de la division cellulaire et décroître rapidement après celle-ci. Elles sont éliminées par protéolyse à la fin de chaque division cellulaire.

Chez les mammifères, chacune des trois kinases assure des fonctions mitotiques différentes, illustrées par des localisations distinctes, mais toutes en relation directe avec le processus de ségrégation des chromosomes. Un défaut d'activité des kinases Auroras perturbe la division cellulaire et entraîne des problèmes de polyploïdie. Un intérêt grandissant est porté à ces protéines depuis que leur surexpression a été mise en évidence dans de nombreux cancers et corrélée à une instabilité chromosomique.

**2. La protéine AURKC :**

Aurora kinase C a été identifiée pour la première fois lors d'une étude effectuée par Tseng et coll en 1998. Cette kinase a été initialement nommée AIE1 chez la souris et AIE2 chez l'homme. La protéine AURKC est composée de 309 acides aminés et présente une masse moléculaire de 35,9 kD (Tseng *et al.*, 1998).

Aurora-A et Aurora-B s'expriment de façon ubiquitaire dans de nombreux tissus, en particulier dans les cellules en division, alors qu'une étude, effectuée par une analyse par Northern blot chez la souris et l'humain, a montré que la protéine AURKC s'exprime principalement dans le testicule. D'autres études ont pu montrer qu'AURKC s'exprime dans divers tissus humains avec un taux nettement inférieur à celui de son expression au niveau des cellules germinales males.

Des analyses par immunofluorescence ont révélé qu'Aurora-C est localisée au niveau des centromères des spermatocytes en Mitose I et II et lors des deux étapes de transitions entre l'anaphase I/télophase I et l'anaphase II/telophase II (Tang *et al.*, 2006).

*Chapitre I : spermatozoïdes macrocéphales*

*INTRODUCTION*

La protéine AURKC est fortement exprimée au cours de la spermatogenèse et plus particulièrement au cours de la formation des deux fuseaux méiotiques. Le niveau d'expression de la protéine AURKC est faible durant la phase S et atteint son maximum pendant la transition G2/M, ce qui indique son implication dans la régulation de la division cellulaire. Des études ont montré qu'AURKC se localise au niveau des centrosomes durant l'anaphase et y persiste jusqu'à la cytokinèse. Il a également été montré qu'AURKC colocalise parfaitement avec AURKB indiquant qu'AURKC est une protéine passagère qui interagit avec AURKB dans la régulation mitotique des cellules de mammifères.

Ces protéines passagères sont localisées au niveau de l'hétérochromatine centromérique en fin de phase G2 puis sur les centromères en métaphase. Au moment de la ségrégation des chromatides sœurs, elles sont transférées sur les microtubules du fuseau central, où elles passent la fin de la division cellulaire. Elles doivent leur nom de « protéines passagères du chromosome » à ce phénomène de relocalisation effectué lors de la transition Métaphase/Anaphase, durant laquelle elles transitent du centromère sur les microtubules.

*Chapitre I : spermatozoïdes macrocéphales*

## III. Identification de nouvelles mutations responsables du phénotype de spermatozoïdes macrocéphales dans le gène AURKC

A ce jour, au sein de notre laboratoire, nous avons pu collecter un total de 87 patients présentant le phénotype de spermatozoïdes macrocéphales. Avant mon arrivée au laboratoire et mon implication dans le génotypage des patients *AURKC*, 41 patients avaient été analysés et inclus dans les articles de (Dieterich *et al.*, 2007, 2009). Par la suite, nous avons continué notre recrutement et j'ai analysé 46 nouveaux patients dont 2 frères d'origine tunisienne.

Une analyse génétique complète du gène *AURKC* a été réalisée pour tous ces patients, ce qui a permis de mettre en évidence de nouvelles mutations. J'ai analysé plus particulièrement les deux frères atteints de macrocéphalie ainsi que leurs apparentés. Enfin j'ai réalisé le bilan des mutations identifiées sur la totalité de notre cohorte de 87 patients.

# PATIENTS ET MATERIELS

## I. Patients

Nous avons mené notre étude sur une cohorte de patients infertiles présentant des spermatozoïdes macrocéphales. A ce jour, au sein de notre laboratoire nous avons pu collecter un total de 87 patients présentant le phénotype de spermatozoïdes macrocéphales.

- En mai 2008 nous avons reçu les prélèvements de deux frères d'origine tunisienne. Suite à une analyse de routine du sperme, ils ont été diagnostiqués avec une macrozoospermie. Tous les deux avaient près de 100% de spermatozoïdes macrocéphales
- Entre janvier 2008 et décembre 2011, nous avons reçu 44 prélèvements de patients présentant un taux de spermatozoïdes macrocéphales > 25%. Tous les patients ont consulté pour une infertilité primaire. Vingt patients ont été recrutés en Tunisie et sont d'origine tunisienne ou algérienne, et 24 patients ont été recrutés en France dont 8 sont d'origine européenne et 16 d'origine maghrébine. Parmi ces patients seulement deux sont frères (origine européenne) et tous les autres n'ont pas de lien de parenté.

## II. Les échantillons biologiques

Les prélèvements dont nous disposons nous proviennent de 15 centres (différents) de biologie de la reproduction. Ces centres procèdent à des examens de sperme en vue de l'exploration de la fertilité masculine. Ils effectuent également la préparation et la congélation de sperme en vue de la fécondation in-vitro (FIV) et de l'injection intra-cytoplasmique de spermatozoïdes (ICSI).

### A. Le sperme

*Chapitre I : spermatozoïdes macrocéphales*

*PATIENTS ET MATERIELS*

Le recueil du sperme était pratiqué dans les laboratoires associés à l'étude. Il est pratiqué par masturbation après une abstinence sexuelle de 3 à 5 jours. Le sperme est recueilli dans un flacon stérile puis placé à une température de 37°C jusqu'à liquéfaction totale, un préalable nécessaire pour l'examen des spermatozoïdes. Ces recueils sont ensuite utilisés pour réaliser un spermogramme et un spermocytogramme.

### B. Le sang

Une quantité de 5 ml de sang total destiné à l'étude moléculaire et plus précisément à l'extraction d'ARN et d'ADN sont prélevés dans un tube à EDTA.

### C. La salive

Une quantité de 2 ml de salive destinée à l'extraction d'ADN et ce à partir du kit salivaire Oragene DNA (DNAGenotek, Ottawa, Canada).

# METHODES

Nous avons effectué des analyses moléculaires afin d'explorer le gène AURKC qui jusqu'à aujourd'hui est le seul gène décrit chez l'homme comme étant impliqué dans le phénotype de spermatozoïdes macrocéphales.

## I. Méthodes d'extraction de l'ADN et de l'ARN

### A. Méthode d'extraction d'ADN à partir de la salive

L'ADN est extrait à partir d'échantillons salivaires. Environ 2 mL de salive est recueilli dans un tube spécial fournit par le kit salivaire Oragene DNA (DNAGenotek,Ottawa, Canada). Une solution de lyse cellulaire est présente dans le couvercle du kit. A la fermeture du tube l'opercule est perforé et la solution de lyse est déversée dans la salive. Une étape de traitement thermique, à 50°C pendant 1 heure, est nécessaire pour digérer les protéines et inactiver les nucléases. L'extraction est réalisée à partir d'un volume de 500µL de salive « lysée » qui est transféré dans un tube de 1,5mL. Dans chaque tube, un volume de 20µl du produit « Oragene Purifier » est ajouté, ce produit contient des « chélateurs » d'impuretés. L'étape suivante consiste à incuber le mélange dans la glace pendant 10 minutes. Les impuretés sont ensuite éliminées par centrifugation pendant 5 minutes à 13000 rpm (ou x 15000g).

Par la suite, le surnageant qui contient l'ADN est transféré dans un nouveau tube. Le même volume en éthanol 95% est ajouté au surnageant, puis le tout est mélangé 10 fois par retournement. Durant cette étape de mélange l'ADN sera précipité. Selon la quantité d'ADN dans l'échantillon, l'ADN pourra apparaître sous forme de pelote d'ADN ou de fibres.

Après un temps d'incubation de 10 minutes à température ambiante, on réalise une centrifugation d'une durée de 2 minutes à 13000 rpm afin de précipiter la pelote sur la paroi du tube ce qui va nous permettre de la récupérer en éliminant le surnageant.

Un temps de séchage de l'éthanol est nécessaire pour pouvoir récupérer

*Chapitre I : spermatozoïdes macrocéphales*

METHODES

uniquement l'ADN. Ajouter 100 µL de TE (10 mM Tris-Cl et 1 mM EDTA) à la pelote d'ADN, puis laisser dissoudre la pelote à température ambiante pendant toute la nuit, puis stocker l'ADN à -20°C.

### B. Méthode d'extraction d'ADN à partir de sang au chlorure de guanidine

La méthode d'extraction de l'ADN à partir de sang nécessite une première étape de lyse des globules rouges et ce par la réalisation de dilutions successives en milieu hypotonique (10mM NaCl, 10mM EDTA et 10Mm Tris-HCl). Après avoir éliminé les globules rouges du sang, il faut récupérer l'ADN des leucocytes.

Pour cela il faut reprendre le culot des leucocytes dans 7ml de chlorure de guanidine (6M), 500 µl de l'acétate de sodium (7,5M), 500µl de sarkosyl (20%) et 75 µl protéinase K (10 mg/ml), puis effectuer une incubation d'une durée d'une 1h à 60°C pour lyser les cellules.

L'étape suivante consiste à précipiter l'ADN avec de l'éthanol, ajouter 17,5 ml d'éthanol absolu à -20°C, agiter doucement à la main (formation d'une pelote), rincer deux fois la méduse dans 10 ml d'éthanol 70%, reprendre par 250 à 500 µl de TE 10/1.

### C. Méthode d'extraction d'ARN

#### 1. Une première étape : Extraction des cellules mononuclées à partir du sang

Pour un volume de 10 ml de sang ajouter 10ml de Ficoll. Effectuer une dilution du sang au demi avec une solution isotonique. Dans notre cas, nous avons rajouté un milieu de culture. Mettre 10 ml de ficoll® 400 by Sigma-Aldrich Corp., St. Louis, MO, USA dans un tube de 50 ml. Ajouter à l'aide d'une pipette le sang dilué au-dessus du ficoll en le déversant très doucement le long de la paroi du tube (faire très attention pour ne pas mélanger les deux solutions). Effectuer une centrifugation à température ambiante pendant une durée de 30 minutes à 400 g. Après la centrifugation, récupérer l'anneau qui contient les cellules mononuclées (PBMCs pour Peripheral Blood Mononuclear cells). Effectuer un lavage avec le même milieu de culture, centrifuger le mélange à 1500 rpm pendant 10 min. Récupérer le culot (Figure 29).

*Chapitre I : spermatozoïdes macrocéphales*

*METHODES*

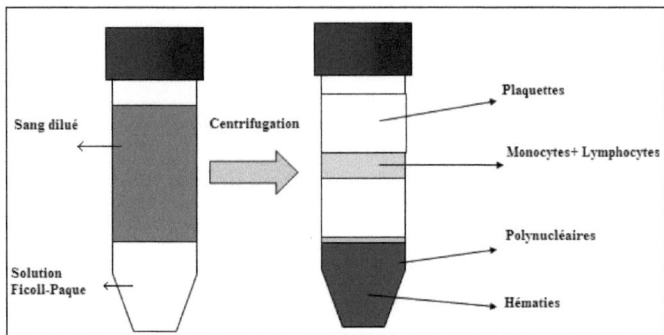

**Figure 29 : La séparations des cellules du sang grâce au Ficoll**

**2. Une deuxième étape : Extraction d'ARN à partir des cellules mononuclées**

L'extraction d'ARN à partir des cellules mononuclées a été réalisée par deux techniques différentes :

La 1$^{ère}$ méthode par le Kit Macherey Nagel NucleoSpin® RNA II columns (Macherey Nagel, Hoerdt, France) conformément aux indications du fabriquant.

La 2$^{ème}$ méthode par extraction au trizol : après la décongélation de l'échantillon préalablement stocké dans du Trizol, il faut le transférer dans un tube Eppendorf 1.5 ml. Pour un volume de 1000µl (culot blanc+ Trizol) ajouter 200 µl de chloroforme, incuber le mélange 5min dans la glace ; par la suite, effectuer une centrifugation d'une durée de 15 min à 13 000 T/min à 4°C. Après centrifugation, prélever la phase supérieure qui contient l'ARN dans un tube RNase free. Ajouter dans le tube qui contient l'ARN le même volume en isopropanol. Après une incubation de 30min à 20°C, effectuer une centrifugation pendant 15 min à 13 000 T/min à 4°C. Enlevez le surnageant et effectuer 2 lavages à l'éthanol 70%, vortexer. Eliminer l'éthanol et laisser sécher, puis reprendre le culot dans 10 à 20 µl d'H2O DEPC.

*Chapitre I : spermatozoïdes macrocéphales*

METHODES

## II. Analyses moléculaires

### A. Amplification par réaction de PCR (Polymerase Chain Reaction) du gène candidat

La réaction de polymérisation en chaîne (PCR) est une technique qui permet d'amplifier des séquences d'ADN de manière spécifique. Elle correspond aussi à la succession d'une trentaine de cycles comportant chacun 3 étapes : La dénaturation qui permet la séparation des deux brins d'ADN, l'hybridation des amorces et l'élongation qui permet la synthèse des nouveaux brins.

Etant donné que la mutation c.144delC de l'exon 3 est retrouvée chez une grande majorité de patients, une amplification par PCR de l'exon 3 est effectuée en premier pour tous les patients qui présentent dans leurs spermocytogrammes un pourcentage de SM supérieur à 25%. Dans le cas où la mutation c.144delC n'est pas présente à l'état homozygote, une amplification de la totalité des exons du gène *AURKC* est effectuée afin de rechercher d'autres variants au sein de ce gène qui peuvent être responsables de la macrocéphalie des spermatozoïdes. Tous les couples d'amorces (Annexe I) qui amplifient les 7 exons du gène *AURKC* possèdent la même température d'hybridation qui est égale à 60°C. Les réactifs utilisés lors de la réaction de PCR sont indiqués dans le tableau 2.

**Tableau 2 : Volume et concentration utilisées pour chaque réaction de PCR**

| Réactifs de la PCR | Volume |
|---|---|
| ADN génomique (50ng/µl) | 2 µl |
| Amorce sens (10µM) | 3 µl |
| Amorce Anti-sens (10µM) | 3 µl |
| Tampon 10X | 3 µl |
| dNTP (25mM) | 3 µl |
| Glycerol (50%) | 3 µl |
| Taq polymerase | 0,2 µl |
| H2O | 12,8 µl |

*Chapitre I : spermatozoïdes macrocéphales*

*METHODES*

## B. Séquençage des produits amplifiés

Avant d'effectuer un séquençage par la méthode de Sanger sur les produits amplifiés, des étapes de purification de ces produits et de préparation au séquençage sont nécessaires. Toutes les analyses ont été effectuées en utilisant le kit BigDye Terminator v3.1.

### 1. La purification des produits de la PCR

L'étape de purification des produits d'amplification est nécessaire car elle va permettre l'élimination des amorces et des dNTPs en excès dans les produits amplifiés. Il existe plusieurs méthodes de purifications et la méthode utilisée dans notre laboratoire est la purification enzymatique en utilisant la solution ExoSAP. Afin d'effectuer cette purification, il faut prélever un volume de 10µl d'amplifiat auquel il faut rajouter 2µl d'ExoSAP.

L'ExoSAP contient deux enzymes thermolabiles : l'Exonucléase I qui dégrade les ADN simples brins et la phosphatase alcaline de crevette (SAP) qui hydrolyse les dNTPs libres. L'enzyme est activé à 37°C et inactivé à 80°C.

### 2. Réaction de séquence

Un coffret contenant le mélange ou « Mix » est déjà prêt à l'emploi. Il s'agit du Mix de séquence (Big dye-Terminator cycle sequencing Ready Reaction Kit) fourni par Applied BioSystem. Une réaction de séquence est réalisée sur les amplifiats par l'ajout de ce Mix qui contient les réactifs suivants : les désoxyribonucléotides (dNTPs) les didésoxyribonucléotides (ddNTPs), $MgCl_2$, un tampon Tris HCL pH=9 et l'Ampli Taq polymérase. Les réactifs nécessaires à la réaction de séquence sont indiqués dans le tableau 3.

**Tableau 3 : Volumes des réactifs utilisés pour une réaction de séquence**

| Produit | Volume |
|---|---|
| Mix BigDye/tampon | 2,5µL |
| Amorce | 1,6µL à 2pmol/µL |
| Amplifiat | 5,9µL (/H2O) |
| Volume final | 10µL |

Après l'ajout des différents réactifs, la réaction de séquence est réalisée dans un thermocycleur selon le programme suivant : une $1^{ère}$ étape de dénaturation de l'ADN à 96°c pendant dix secondes, suivie d'une étape d'hybridation de l'amorce sur le brin matrice à 50°c. Enfin l'élongation du brin d'ADN est stoppée par l'incorporation du ddNTP marqué par un fluorochrome. On aura ainsi tous les fragments d'ADN qui diffèreront d'un seul nucléotide. Ce programme sera réalisé pendant 25 cycles.

3. **Purification des produits de la réaction de séquence**

La purification est une étape qui sert à éliminer les excès de Mix et d'amorces utilisés précédemment pour la réaction de séquence. Celle-ci se fait en plusieurs étapes :

- Préparation du mélange contenant : 1 µl d'EDTA (125 mM), 1 µl d'acétate de Na (3M) et 50 µl d'Ethanol 100%
- Ajout de 52 µl du mélange dans chaque puits.
- Incubation à température ambiante pendant 15 minutes
- Centrifugation à 2000g pendant 45 minutes à 4°C
- Centrifugation des barrettes retournées pendant 10 secondes pour

*Chapitre I : spermatozoïdes macrocéphales*

*METHODES*

- éliminer le surnageant
- Ajout d'Ethanol 70 %
- Vortexer pour homogénéiser la solution puis centrifuger pendant 15 minutes à 180g à 4°C en retournant les barrettes sur papier absorbant pour éliminer le surnageant
- Ajout de formamide dans les barrettes pour reprendre le culot contenant les réactions de séquences purifiées afin de pouvoir effectuer le séquençage des amplifiats purifiés.

### 4. L'étape du séquençage

Le séquençage des produits purifiés est effectué par le séquenceur ABI 3130XL seize capillaires. Les réactions de séquences seront chargées sur ces différents capillaires qui seront plongés dans des tampons de migration où une électrophorèse sera effectuée. Ceci permettra la lecture des ddNTPs qui sont incorporées à la fin des fragments d'ADN. Les petits fragments migreront plus vite que les gros. Chacun de ddNPT (A,T,C,G) est marqué d'un fluorophore différent. Cela permettra une lecture de notre séquence sur électrophérogramme.

## C. RT-PCR

La transcription inverse est réalisée avec 5µl d'ARN extrait (environ 500 ng). L'hybridation de l'oligo dt est réalisée par une incubation de 5 minutes à 65°C puis les tubes sont placés immédiatement dans la glace. Les réactifs suivants sont rajoutés dans l'ordre : 3 µl d'oligo dT (10 mM, Pharmacia), 0,8 µl dNTPs (25mM, Roche diagnostics), 6,2 H2O DEPC. Par la suite, la transcription reverse est réalisée pendant 30 minutes à 55°C après l'addition de 4 µl de tampon 5X, 0.5 µl RNase inhibitor et 0.5 µl Transcriptor Reverse transcriptase (Roche Diagnostics). Deux µl d'ADNc obtenu sont utilisés pour effectuer une amplification par PCR.

Afin d'amplifier l'ADNc du gène AURKC nous avons choisi le couple d'amorce suivant : l'amorce sens est localisée sur l'exon 4 (CAATATCCTGCGCCTGTATAACT) et l'amorce anti-sens est localisée sur l'exon 6

*Chapitre I : spermatozoïdes macrocéphales*

*METHODES*

(TCATTTCTGGCGGCAAGT) la taille prévue de la séquence amplifiée grâce à ces deux amorces est de 329 pb. La PCR a été effectuée selon les conditions suivantes : 58°C X 40 cycles. Nous avons réalisé en parallèle une RT-PCR avec un couple d'amorce qui amplifie un gène exprimé de manière ubiquitaire, le gène GAPDH (glycéraldéhyde-3-phosphate déshydrogénase), les amorces que nous avons utilisées sont les suivantes (Fw :GAG TCA ACG GAT TTG GTC GT) et (Re : TTG ATT TTG GAG GGA TCT CG) la taille prévue de la séquence amplifiée grâce à ces deux amorces est de 238pb. Nous avons effectué la PCR selon les conditions suivantes: 35X60°C

## D. HRM : High Resolution Melting

### 1. Principe de la technique HRM

La fusion à haute résolution HRM est une extension de l'analyse en courbe de fusion dont l'objectif principal est de cribler et d'identifier de nouveaux variants en utilisant uniquement des amorces spécifiques. Cette technique nécessite une bonne homogénéité thermique du thermocycleur et une grande sensibilité optique du scanner permettant ainsi de détecter de petits changements de fluorescence lors de la réalisation des courbes de fusion.

Cette technique nécessite l'intégration d'un fluorochrome s'intercalant à l'ADN double brin. L'intercalant Résolight (Roche diagnostics) est utilisé. Il ne se fixe pas sur l'ADN simple brin mais fluoresce fortement quand il est fixé à l'ADN double brin. Après la réaction de PCR, la température est augmentée de façon progressive ce qui entraîne une dénaturation de certains fragments d'ADN, entrainant la libération du fluorochrome et provoque une baisse de fluorescence. En dénaturant progressivement un amplifiat, on obtient un profil de dénaturation qui est spécifique au fragment analysé. La présence d'un variant nucléotidique au sein d'un amplifiat entrainera donc une modification de la courbe de fusion par rapport à celle obtenue pour la séquence normale. Cette technique est particulièrement efficace pour détecter les variations présentes à l'état hétérozygote. L'ADN hétérozygote forme des molécules hétéroduplexes qui commencent à se séparer en simples brins à des températures plus basses que l'ADN homozygote qui forme des homoduplexes. Cela se traduira par des

*Chapitre I : spermatozoïdes macrocéphales*

*METHODES*

profils de dissociations différents selon qu'il s'agit d'un ADN homo ou hétérozygote. De plus, la forme de la courbe diffère entre les différents hétérozygotes selon leur séquence.

### 2. Détails de la technique d'HRM

Nous avons utilisé pour effectuer cette technique le LightCycler 480 (Roche Diagnostics). Pour que l'HRM soit robuste, il est important que les conditions de PCR soient optimales. Tout d'abord, les produits d'amplification doivent être courts, de taille comprise entre 100 et 250 pb car un amplicon de grande taille peut avoir plusieurs domaines de fusion. Il est recommandé d'ajuster tous les échantillons à la même concentration d'ADN de façon à minimiser la dispersion en point final des courbes de fusion. Pour cela nous avons utilisé une quantité d'ADN égale à 20 ng. Pour les autres réactifs nous avons utilisé les volumes suivant : un volume de 0,4 µl pour les amorces (10µM), 5µl de Master Mix et 1,2µl de Mgcl2 (3mM).

# RÉSULTATS

## I. Analyse des résultats des deux frères macrozoocéphales

### A. Résultats du spermogramme et spermocytogramme chez les deux frères macrozoocéphales

Les deux frères d'origine tunisienne ont effectué à plusieurs reprises des examens d'exploration de l'infertilité masculine au sein de la Clinique des jasmins de Tunis. L'analyse des spermogrammes et des spermocytogrammes indique une oligoasthénotératospermie avec la présence de 100% de spermatozoïdes macrocéphales pour les deux frères (tableau 4). Onze tentatives infructueuses d'ICSI (6 pour le patient 1 et 5 pour le patient 2) ont été réalisées pour les deux frères entre 1999 et 2005. Celles-ci ont été possibles grâce à l'identification de quelques spermatozoïdes d'apparence normale dans le sperme des deux frères. Ces tentatives ont été réalisées avant la caractérisation du gène *AURKC*.

Tableau 4 : Les paramètres du sperme pour les deux frères

| Patients | II:1 | II:2 |
|---|---|---|
| Volume du sperme (ml) | 3 | 3 |
| Concentration spz $\times 10^6$ per ml | 0.9 | 0.8 |
| Cellules rondes ($\times 10^6$ cells) | 12 | 1 |
| Mobilité A+B, 1 h (%) | 8 | 7 |
| Vitality (%) | 35 | 48 |
| Spermatozoïdes macrocéphales (%) | 100 | 100 |
| Spermatozoïdes multiflagelles (%) | 28 | 52 |
| Indice d'anomalies multiples | 3.52 | 3.6 |

*Chapitre I: spermatozoïdes macrocéphales*

RESULTATS

## B. Résultats des analyses moléculaires du gène *AURKC* pour les deux frères macrozoocéphales

### 1. Séquençage du gène *AURKC*

Des échantillons de salive ont été prélevés chez les deux frères ainsi que tous les membres de leur famille. Après une extraction d'ADN à partir de ces prélèvements une analyse du gène *AURKC* a été effectuée. Le séquençage de l'exon 3 du gène *AURKC* contenant la mutation c.144delC a révélé la présence de cette mutation à l'état hétérozygote chez les deux frères. Par la suite, le séquençage des autres exons du gène *AURKC* a révélé la présence d'une $2^{ème}$ mutation à l'état hétérozygote c.436-2A>G.

Des prélèvements salivaires ont pu être obtenus pour tous les membres de la famille. Les deux frères (II:1 et II:2) et leur sœur (II: 4) sont hétérozygotes composites pour les deux mutations c.144delC et c.436-2A>G alors que leurs parents (I:1 et II:2) sont porteurs à l'état hétérozygote d'une des deux mutations (Figure 28).

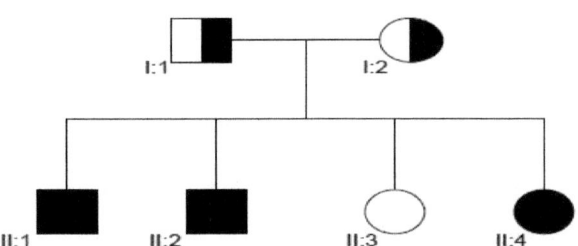

**Figure 30 : Arbre de la famille des deux frères d'origine tunisienne**. II:1, II:2 et II: 4 sont hétérozygotes composites pour c.144delC et c.436-2A>G, et les parents I :1 et I :2 sont chacun porteurs hétérozygotes d'une des deux mutations citées précédemment.

Cette nouvelle mutation c.436-2A>G est une substitution d'une Adénine (A) par une Guanine (G) localisée deux nucléotides avant l'exon 5. (Figure 31)

*Chapitre I: spermatozoïdes macrocéphales*

*RESULTATS*

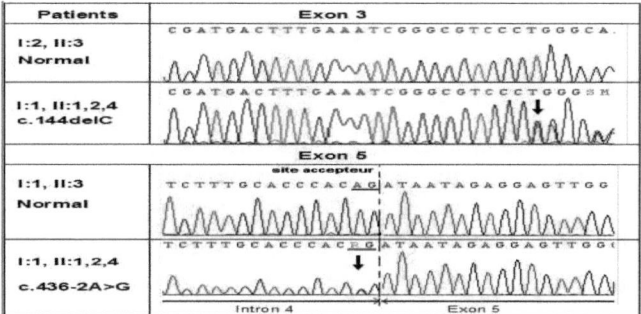

**Figure 31 : Séquences des patients indiqués dans la figure 28.** L'absence de la cytosine au niveau du nucléotide 144 à l'état hétérozygote est indiquée chez les patients I : 1, II : 1, II : 2 et II : 4 et la présence du variant c.436-2A>G niveau du site accepteur de l'exon 5 est indiquée chez les mêmes patients.

2. **Les conséquences de la mutation identifiée (c.436-2A>G) sur l'épissage**

**Rappel sur l'épissage :** chez les mammifères, les ARN pré-messagers issus de la transcription sont classiquement composés de plusieurs exons qui sont interrompus par des introns. Afin de générer des ARN matures prêts à être traduits, ces exons doivent être identifiés et assemblés les uns à la suite des autres. L'épissage des pré-ARNm est dirigé par des éléments de séquence en cis indispensables au recrutement de la machinerie d'épissage. Le dinucléotide **GT** est généralement situé à la jonction exon-intron, et constitue la borne 5' de l'intron, on parle de site donneur d'épissage. Le dinucléotide **AG** est généralement situé à la borne 3' de l'intron, on parle dans ce cas de site accepteur d'épissage.

Le nouveau variant identifié **c.436-2A>G** consiste en une substitution qui touche un site consensus susceptible d'être crucial pour l'épissage. Les mutations situées au niveau du site accepteur consensuel d'épissage modifient ce dernier et entraînent généralement une perte de l'exon situé en aval de ce site.

Nous avons effectué deux études in silico par des programmes de prédiction de l'effet du variant trouvé sur l'épissage et les deux programmes utilisés sont les suivants : http://www.fruitfly.org/seqtools/splice.html et http://rulai.cshl.edu/cgi

89

*Chapitre I: spermatozoïdes macrocéphales*

RESULTATS

bin/tools/ESE3/esefinder.cgi. Ils ont indiqué que le variant **c.436-2A>G** provoque la non reconnaissance du site accepteur par la machinerie d'épissage ce qui entrainerait la reconnaissance du site accepteur suivant qui est localisé deux nucléotide en amont de l'exon 6 et donc la perte de l'exon 5.

Afin de vérifier l'effet de la mutation sur l'épissage, nous avons pu effectuer pour le patient P1, une extraction d'ARN à partir de leucocytes, suivie d'une RT-PCR. Par la suite les produits d'amplification ont été séquencés. L'analyse de la séquence de l'ADNc, nous a permis de constater l'absence de l'exon 5 chez notre patient (résultats indiqués dans la figure 32).

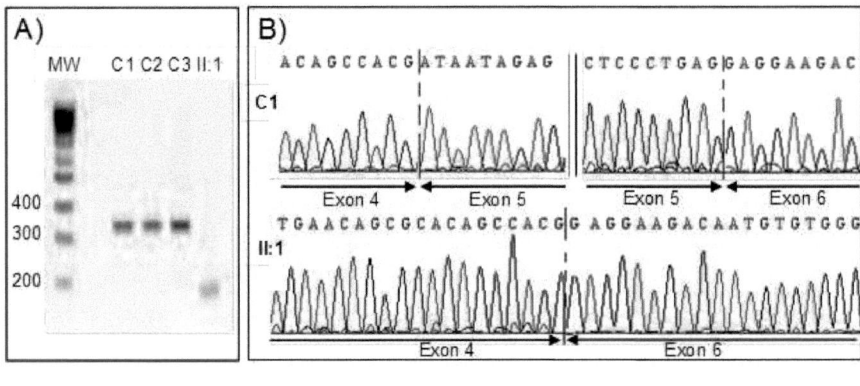

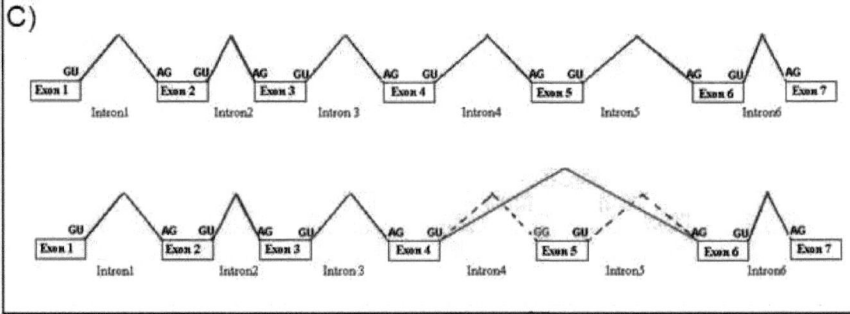

**Figure 32 : Analyse de la Transcription pour le patient II:1[c.436-2A>G, c.144delC] et trois témoins fertiles. A)** L'électrophorèse montre les résultats de la RT-PCR avec le couple d'amorce AURKC4-6. Une bande qui correspond à la taille

90

*Chapitre I: spermatozoïdes macrocéphales*

RESULTATS

attendue est obtenue (329 pb) pour les 3 Témoins (C1-C3). Une bande de taille égale à 180 pb est obtenue pour le patient II :1. **B)** L'analyse des séquences des produits amplifiés confirme que l'ARNm du patient II:1 est en effet dépourvu de l'exon 5 comme illustré dans le schéma C. **C)** Montre le saut de l'exon 5 lors de l'épissage provoqué par la présence de la substitution localisée au niveau du site accepteur.

3. **Validation de l'absence du variant (c.436-2A>G) trouvé dans la population générale par HRM**

Afin d'exclure la possibilité que le variant c.436-2A>G soit un variant commun à la population étudiée, nous avons analysé l'exon 5 du gène *AURKC* pour 100 individus d'origine nord-africaine. L'analyse a été effectuée par HRM (HRM pour High Resolution Melting) (figure 31).

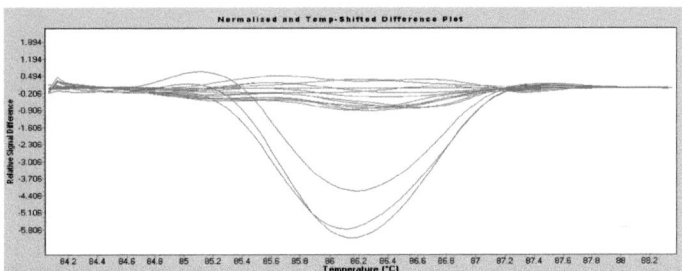

**Figure 33 :** Analyse de la fusion à haute résolution de l'amplification de l'exon 5 du gène AURKC pour des témoins de la population générale nord-africaine en bleu et en rouge les patients (II:1, 2, 4) qui portent le variant c.436-2A>G à l'état hétérozygote.

Cette méthode permet de mettre en évidence la présence de variants dans des fragments amplifiés. Nous avons appliqué cette méthode pour trois patients porteurs de la mutation c.436-2A>G à l'état hétérozygote et chez 100 individus contrôle. Aucun variant nucléotidique n'a été détecté chez les individus contrôle testés.

*Chapitre I: spermatozoïdes macrocéphales*

RESULTATS

## II. Analyse des résultats des 44 autres patients macrozoocéphales

### A. Analyse des résultats moléculaires

Nous avons analysé 44 patients présentant un phénotype typique avec en moyenne de 70% de spermatozoïdes macrocéphales (Tableau 5).

**Tableau 5** : Paramètres du spermogramme et du spermocytogramme pour les 44 patients

| Caractériques du spermogramme et du spermocytogramme | Moyenne |
|---|---|
| Volume du sperme (ml) | 3.5 |
| Concentration spz x$10^6$ per ml | 9,7 |
| Cellules rondes (x$10^6$ cells) | 1,5 |
| Mobilité A+B, 1 h (%) | 9,67 |
| Vitality (%) | 47 |
| Spermatozoïdes macrocéphales (%) | 71 |
| Spermatozoïdes multiflagelles (%) | 27,9 |
| Indice d'anomalies multiples | 2,97 |

Une première analyse moléculaire a été effectuée par un séquençage de l'exon 3 du gène *AURKC*. Suite à ce séquençage, nous avons identifié la présence de la mutation c.144delC chez un total de 27 patients à l'état homozygote et chez 2 patients à l'état hétérozygote. Par la suite, un deuxième séquençage a été effectué chez les patients porteurs de la mutation c.144delC à l'état hétérozygote (n=2) et chez les patients pour qui nous n'avions pas identifié de mutation (n=15).

Le séquençage de tous les exons du gène *AURKC* a donc été réalisé chez 17 patients. Il a révélé l'existence d'un nouveau variant localisé au niveau de l'exon 6 du gène *AURKC* chez 10 patients non-apparentés (18 allèles). Parmi ces patients 4 sont

*Chapitre I: spermatozoïdes macrocéphales*

RESULTATS

d'origine européenne et 6 d'origine nord-africaine. Il s'agit d'une mutation non-sens (stop), p.Y248*, qui transforme une Tyrosine en un codon stop.

Au total, nous avons identifié la présence de la mutation c.144delC à l'état homozygote chez 27 patients. En ce qui concerne la nouvelle mutation stop p.Y248*, nous l'avons identifiée chez 11 patients (10 cas index), nous l'avons identifiée à l'état homozygote chez 6 patients d'origine nord-africaine et 2 patients d'origine européenne, et à l'état hétérozygote chez deux autres patients européens (hétérozygotes composites porteurs des mutations p.Y248* et c.144delC). Aucune mutation n'a été identifiée chez les 6 patients restants.

### 1. Analyses des transcrits porteurs du variant p.Y248*

Dans le cas où les transcrits portant la mutation stop au niveau du gène *AURKC* sont traduits, une activité résiduelle peut toutefois s'effectuer à partir d'un peptide raccourci. Nous avons donc effectué une RT-PCR à partir d'ARNm extrait à partir de leucocytes d'un patient présentant la mutation p.Y248* à l'état homozygote. J'ai réalisé en parallèle une RT-PCR avec un couple d'amorce qui amplifie un gène exprimé de manière ubiquitaire, le gène *GAPDH* (glycéraldéhyde-3-phosphate déshydrogénase). L'amplification par RT-PCR de *GAPDH* permet d'observer la présence d'une amplification pour les témoins et pour le patient malade (Figure 34 B) attestant de l'intégrité de l'ARN pour le patient comme pour les contrôles. En revanche, la RT-PCR des transcrits du gène *AURKC* montre que l'ARNm du gène *AURKC* n'est pas présent chez le patient qui possède le variant p.Y248* à l'état homozygote (Figure 34 A). Ceci indique qu'il y a eu une dégradation de l'ARNm par le mécanisme de contrôle NMD (non-sense mediated mRNA decay) ;

*Chapitre I: spermatozoïdes macrocéphales*

RESULTATS

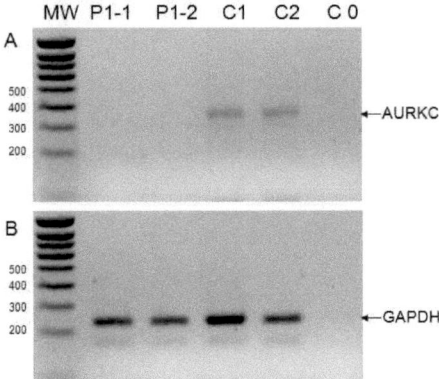

**Figure 34: A)** La RT-PCR suivie de la migration sur gel d'agarose montre la présence d'une amplification spécifique de l'ADNc du gène *AURKC* chez les deux contrôles C1 et C2 alors qu'un duplicat effectué pour un patient p.Y248* homozygote (P1-1 et P1-2) ne présente pas d'amplification. **B)** La migration sur gel d'agarose montre la présence d'une amplification spécifique du transcrit du gène *GAPDH* pour les 2 patients et les deux contrôles testés, validant ainsi l'efficacité de l'extraction d'ARN et la reverse transcription pour notre patient P1.

2. **Haplotype des patients porteurs de la mutation p.Y248***

Nous avons effectué une étude par des marqueurs microsatellites adjacents afin d'identifier l'haplotype des patients qui présentent la mutation stop. Tous les patients présentaient un haplotype commun : ces résultats ont permis de conclure que tous avaient un ancêtre commun (Tableau 6).

**Tableau 6 : Haplotype des patients porteurs de la mutation récurrente p.Y248***

| Patients Locus | 1 | 1 | 2 | 3 | 3 | 4 | 4 | 5 | 5 | 6 | 6 | 7 | 7 | 8 | 9 | 9 | 10 | 10 |
|---|---|---|---|---|---|---|---|---|---|---|---|---|---|---|---|---|---|---|
| D19S571 | 314 | 310 | 287 | 287 | 287 | 287 | 312 | 308 | 316 | 310 | 314 | 316 | 316 | 137303 | 287 | 287 | 287 | 287 |
| D19S572 | 149 | 149 | 149 | 137 | 137 | 135 | 152 | 137 | 154 | 123 | 137 | 146 | 150 | 133 | 133 | 144 | 142 | 150 |
| D19S418 | 92 | 92 | 92 | 94 | 94 | 94 | 96 | 94 | 90 | 96 | 96 | 94 | 94 | 9694 | 94 | 94 | 94 | 96 |
| D19S005 | 203 | 208 | 208 | 211 | 211 | 208 | 206 | 206 | 196 | 201 | 206 | 206 | 206 | 201 | 206 | 206 | 206 | 206 |
| D19S891 | 112 | 112 | 118 | 118 | 118 | 112 | 118 | 112 | 115 | 112 | 126 | 124 | 126 | 126 | 123 | 123 | 123 | 126 |
| D19S210 | 177 | 179 | 181 | 183 | 183 | 183 | 183 | 183 | 189 | 187 | 189 | 179 | 181 | 181 | 183 | 183 | 183 | 183 |
| AURKCY248X | + | + | + | + | + | + | + | + | + | + | + | + | + | + | + | + | + | + |
| AURKC 3' UTR | + | + | + | + | + | + | + | + | + | + | + | + | + | + | + | + | + | + |
| D19S214 | 178 | 197 | 199 | 178 | 178 | 178 | 178 | 178 | 178 | 181 | 199 | 178 | 178 | 178 | 178 | 178 | 178 | 178 |
| D19S218 | 258 | 272 | 258 | 258 | 258 | 270 | 270 | 258 | 258 | 270 | 258 | 258 | 258 | 258 | 270 | 270 | 258 | 258 |
| D19S890 | 170 | 167 | 167 | 170 | 170 | 170 | 170 | 172 | 174 | 170 | 167 | 172 | 172 | 172 | 170 | 172 | 170 | 170 |

94

*Chapitre I: spermatozoïdes macrocéphales*

*RESULTATS*

3. **Calcul de la fréquence du polyorphisme c.930+38G>A chez des témoins maghrébins et européens par HRM**

Nous avons identifié la présence d'un polymorphisme c.930+38G>A (rs35582299) localisé sur la partie 3'UTR qui coségrège parfaitement avec le variant pY248*. Nous avons voulu connaître la fréquence de ce polymorphisme dans la population européenne et nord-africaine. Pour cela, nous avons effectué une analyse par HRM sur 100 témoins d'origine maghrébine et 100 témoins d'origine européenne Chez nos témoins nous avons recherché la mutation non-sens localisée sur l'exon 6 (p.Y248*) ainsi que le polymorphisme (c.930+38G>A) localisé sur la partie 3'UTR. Aucun témoin n'était porteur de la mutation (p.Y248*). Concernant le polymorphisme, nous l'avons identifié à l'état hétérozygote chez 3 témoins européens et 5 témoins maghrébins. Ceci indique une fréquence d'hétérozygotie de 4%. Nous avons consulté la base de données UCSC genome bioinformatics qui recense les variations observées chez 1097 témoins. Dans cette base, le variant c.930+38G>A a été rertrouvé à l'état hétérozygote chez 4,1% des individus. Ces résultats concordent avec ce que nous avons trouvé par HRM,

B. **Les paramètres du sperme mesurés et le génotype des patients macrozoocéphales**

Tous les patients mutés avaient une grande majorité de spermatozoïdes macrocéphales (moyenne 82%), 37% parmi eux présentent plusieurs flagelles. Il n'y avait pas de différence dans les paramètres de sperme des patients présentant la mutation **c.144delC** et ceux présentant la mutation **p.Y248\***. Les patients pour lesquels aucune mutation au niveau du gène *AURKC* n'a été identifiée avaient des paramètres spermatiques moins altérés que ceux pour qui des mutations sur le gène *AURKC* ont été identifiées, avec une meilleure mobilité et surtout un pourcentage de SM moins important (50%).

Le tableau 7 regroupe les données des spermatogrammes des 44 patients ayant des spermatozoïdes macrocéphales. Toutes ces données ont été regroupées selon les génotypes des patients et par la suite nous avons essayé de comparer les différentes valeurs des paramètres des spermogrammes des 3 groupes de patients.

*Chapitre I: spermatozoïdes macrocéphales*

**Tableau 7 : Les paramètres du sperme mesurés selon le génotype du patient.** Les valeurs indiquées sont les moyennes. La colonne pY248* regroupe les patients homozygotes et les patients hétérozygotes composites porteurs de la mutation c.144delC.

| Patients | c.144delC (n=27) | pY248* (n=11) | Pas de mutation (n=6) |
|---|---|---|---|
| Le volume du sperme (ml) | 3.3 | 3.8 | 3.4 |
| Nb de spz x $10^6$ per ml | 8 | 10.6 | 10.5 |
| Cellules rondes (x$10^6$ cells) | 1 | 2.3 | 1.1 |
| Mobilité A+B, 1 h (%) | 10.3 | 5.7 | 13 |
| Vitalité (%) | 43.5 | 42.5 | 55 |
| Spz normaux (%) | 0 | 0.3 | 3.5 |
| Spz macrocéphales(%) | 82.9 | 80.3 | 49.8 |
| Indice d'anomalie Multiple | 3.2 | 3.3 | 2.4 |

Le 1$^{er}$ et le 2$^{ème}$ groupes contiennent les paramètres des patients, qui sont

*Chapitre I: spermatozoïdes macrocéphales*

*RESULTATS*

porteurs respectivement des mutations récurrentes **c.144delC** et **pY248\***, alors que le 3$^{\text{ème}}$ groupe contient les paramètres des patients qui ne sont pas porteurs de mutations au niveau du gène *AURKC*. Comme nous l'avons démontré les patients porteurs des mutations au niveau de l'exon 3 et l'exon 6 du gène *AURKC* ne possèdent pas de protéine AURKC étant donné que l'ARNm issus d'ADN porteurs de ces variants est dégradé par le mécanisme NMD. Il n'existe pas de différence phénotypique entre ces deux groupes de patients puisque ces deux groupes présentent une absence de la protéine AURKC. Chez les 6 patients qui n'ont pas de mutations au niveau du gène *AURKC* on note en revanche que les paramètres du spermogramme sont moins mauvais que ceux des patients avec des mutations. En effet, on remarque une amélioration en termes de vitalité et de concentration de spermatozoïdes normaux et une diminution du pourcentage de spermatozoïdes avec une large tête et des flagelles multiples

Les patients provenaient de différents centres et malgré un respect commun pour les directives de l'OMS (1999), d'importantes variations ont été observées pour les individus présentant un génotype identique.

D'après notre expérience, les patients porteurs d'une mutation ne présentent pas de spermatozoïdes typiques et ont une grande majorité de spermatozoïdes à grosse tête. Il faut souligner que les données portant sur le sperme et provenant de laboratoires différents (dans notre cas 15 centres de prélèvement) ne peuvent être considérées ni comme des données exactes ni comme des données strictement comparables. Ce point peut être responsable de l'écart important observé au niveau des caractéristiques morphologiques typiques de ce phénotype telles que la concentration des spermatozoïdes à grosses têtes et le taux de spermatozoïdes multiflagellés.

# DISCUSSION

## I. Mutation d'épissage c.436-2A>G

L'analyse d'une large cohorte de patients (n=87) nous a permis d'identifier deux nouvelles mutations du gène AURKC. La mutation c.36-2A>G a été identifiée uniquement à l'état hétérozygote chez deux frères. Tous deux étaient également porteurs de la mutation récurrente la c.144delC. La mutation c.36-2A>G est située au niveau du site accepteur d'épissage de l'exon 5, site prédit pour être nécessaire à l'épissage de l'ARNm.

Les logiciels de prédiction d'épissage indiquent que le variant c.36-2A>G entraîne le saut de l'exon 5 sans qu'il y ait de perturbation du cadre de lecture. Ces résultats ont pu être confirmés par séquençage du produit de RT-PCR. Ce saut d'exon donne comme résultat l'absence des acides aminés 146-195 de la protéine AURKC chez les 2 frères porteurs de ce variant. Les acides aminés concernés par cette absence sont localisés dans le domaine catalytique de la protéine et on s'attend donc à ce que la protéine tronquée soit non-fonctionnelle.

L'analyse du cDNA d'un des frères nous a permis d'observer une bande de taille réduite qui correspond au cDNA codé par l'allèle porteur du variant c.36-2A>G . Nous n'avons cependant pas observé de bande de taille normale. Cela indique que le transcrit porteur de la mutation c.144delC est dégradé par le mécanisme de contrôle de l'ARNm, le NMD (nonsense-mediated mRNA decay) ou dégradation des ARNm non-sens. Il s'agit d'un mécanisme de surveillance cellulaire, qui se traduit par la dégradation des transcrits contenant un codon de terminaison prématuré (PTCs : premature termination codons). Ce mécanisme est important car il permet de limiter la présence de protéines tronquées qui pourraient avoir un effet dominant négatif et donc être dommageable pour la cellule et l'organisme.

*Chapitre I: spermatozoïdes macrocéphales*

*DISCUSSION*

Les cas des frères étudiés ici ont un phénotype typique de macrocéphalie avec une concentration en spermatozoïdes qui est faible (<1M/ml) alors que la concentration moyenne de sperme mesurée dans une série de 32 patients homozygotes pour la mutation c.144delC, était de 7,2 M/ml. Cela pourrait indiquer que la présence de la protéine tronquée pourrait avoir un effet sur la concentration des spermatozoïdes.

Chez les deux frères, des spermatozoïdes d'apparence normale ont pu être observés et sélectionnés pour une prise en charge thérapeutique par ICSI (injection intracytoplasmique de spermatozoïde). Alors que pour les patients porteurs de la mutation c.144delC à l'état homozygote, ces spermatozoïdes ont été rarement observés, ce qui indique que la protéine tronquée pourrait préserver une fonctionnalité permettant à quelques spermatozoïdes de passer la méiose.

Un total de onze tentatives d'ICSI a été effectué pour les deux frères mais aucune grossesse n'a pu être observée. Ces résultats confirment qu'aucune ICSI ne devrait être tentée pour les patients qui présentent une mutation au niveau du gène *AURKC*.

## II.  La mutation STOP p.Y248*

La $2^{ème}$ mutation récurrente identifiée sur un total de 87 patients présentant une macrozoospermie, est une mutation non-sens localisée au niveau de l'exon 6. Nous avons identifié cette mutation p.Y248* chez un total de 11 patients non apparenté, d'origines maghrébine et européenne.

Nous avons observé que cela représente 13% des allèles mutés et que 85% des allèles restants portent la mutation initialement décrite, la c.144delC. Etant donné que cette mutation est une mutation non-sens nous nous attendions à ce que cette mutation p.Y248* ait un effet grave sur la protéine. Nous avons tout de même voulu évaluer l'effet de cette mutation sur la protéine. Bien qu'AURKC soit préférentiellement exprimé dans le testicule, il s'est avéré qu'il est faiblement exprimé dans plusieurs tissus y compris le poumon, les ovaires et les muscles squelettiques (Yan *et al.*, 2005) Nous avions aussi remarqué que les transcrits AURKC sont présents dans les leucocytes du sang. Nous avons réalisé une RT-PCR sur les leucocytes d'un patient porteur de la

*Chapitre I: spermatozoïdes macrocéphales*

*DISCUSSION*

mutation p.Y248* à l'état homozygote. Contrairement à ce qui a été observé chez un contrôle fertile nous n'avons pas pu détecter de transcrit AURKC chez notre patient. Cela indique que les transcrits porteurs de la mutation p.Y248* sont soumis à la dégradation des ARNm non-sens, au moins dans les leucocytes. Nous avions précédemment observé que la mutation récurrente la c.144delC était également soumise au NMD. Nous pouvons conclure que les deux mutations récurrentes sont très susceptibles d'avoir le même effet, à savoir qu'elles conduisent à une absence totale de la protéine.

La comparaison des moyennes des spermogrammes et spermocytogrammes entre les patients porteurs de c.144delC et de p.Y248* ne montre aucune différence phénotypique entre ces deux groupes (Tableau 5). Ce résultat n'est pas surprenant car nous avions prédit que les deux mutations citées précédemment donnent lieu à une absence totale de la protéine.

Les patients qui ne présentent pas de mutation au niveau du gène *AURKC* possèdent des paramètres de spermogramme moins altérés en termes de vitalité, de concentration des spermatozoïdes normaux et montrent une diminution du taux de spermatozoïdes avec grosse tête et des flagelles multiples.

Dans cette étude nous avons pu estimer l'âge des deux mutations récurrentes du gène *AURKC* avec une méthode de calcul différente de celle utilisée au départ (dieteriech *et al.*, 2007). Un spécialiste de la génétique des populations a estimé l'âge de la mutation p.Y248* entre 925 et 1325 ans. Cette mutation serait largement antérieure à la 1$^{ère}$ mutation récurrente identifiée (estimation entre 250 et 650 années). Le fait que p.Y248* soit plus ancienne que c.144delC concorde parfaitement avec la large couverture géographique de p.Y248* que nous avons trouvé à la fois chez des individus d'origine magrébine et des individus d'origine européenne, alors que c.144delC a été retrouvée presque exclusivement chez des individus originaires d'Afrique du Nord.

La plupart des maladies génétiques ont des manifestations qui dépendent de l'effet de la mutation sur la protéine. En ce qui concerne la macrozoocéphalie, nous avons détecté seulement 4 mutations dont deux sont des mutations récurrentes, une mutation faux-sens et une mutation d'épissage. Tous les patients mutés présentent la forme la

*Chapitre I: spermatozoïdes macrocéphales*

*DISCUSSION*

plus sévère de la maladie, à savoir 0% de spermatozoïdes normaux (phénotype monomorphe) et nous n'avons jamais trouvé de mutations chez des patients ayant un phénotype polymorphe (figure 35).

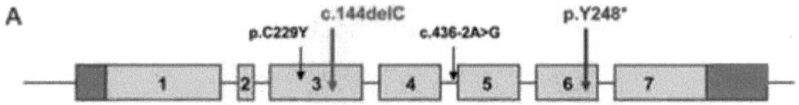

**Figure 35** : Toutes les mutations trouvées dans le gène *AURKC* sont responsables du phénotype de macrozoocéphalie.

## III. Stratégie de diagnostique chez les patients macrozoospermiques

Au cours de cette étude nous avons identifié deux nouvelles mutations dans le gène *AURKC*. D'autres groupes proposent un dépistage rapide de l'exon 3 seulement pour détecter la présence de la mutation récurrente la c.144delC chez les patients ayant un phénotype monomorphe de spermatozoïdes macrocéphales. Nos résultats indiquent que l'analyse moléculaire ne doit pas s'arrêter après un dépistage négatif de l'exon 3.

Comme stratégie de diagnostic de routine, nous proposons le séquençage de l'exon 3 et de l'exon 6 du gène *AURKC* pour tous les patients qui présentent une proportion importante de spermatozoïdes macrocéphales. Le séquençage des exons restant du gène *AURKC* pourrait être proposé en absence de mutation au niveau des exons 3 et 6 et ceci uniquement pour les personnes ayant une concentration de spermatozoïdes >1M et ayant moins de 1% de spermatozoïdes normaux. Les hommes non-mutés présentent normalement des formes moins sévères de la pathologie. Afin de mieux évaluer le potentiel de reproduction de ces patients, une analyse FISH doit être effectuée sur les spermatozoïdes.

101

*Chapitre I : spermatozoïdes macrocéphales*

## CONCLUSION

La macrozoospermie est une forme rare et sévère de tératozoospermie. Notre étude a porté sur un total de 87 patients présentant ce phénotype. Un diagnostic positif a été obtenu pour 67/87 (77%) des cas analysés.

A notre connaissance, *AURKC* est le premier gène décrit affectant directement la méiose et entraînant une pathologie humaine. Nous avons observé que la fréquence des hétérozygotes dans la population Nord Africaine est de 1 pour 50, indiquant que la mutation c.144delC d'*AUKRC* pourrait figurer parmi les causes d'infertilité masculine les plus fréquentes dans le Maghreb.

Au final sur 67 cas index porteurs d'une mutation *AURKC* nous n'avons identifié que 4 mutations différentes. Deux mutations récurrentes ont été identifiées en Afrique du Nord et en Europe. Nous avons observé que la mutation c.144delC était présente à l'état hétérozygote en Afrique du Nord chez une personne sur 50.

Notre équipe a identifié dans un $1^{er}$ temps, 2 mutations localisées au niveau du gène *AURKC*, une mutation faux sens [p.C229Y] localisée au niveau de l'exon 6 et la mutation récurrente c.144delC localisée au niveau de l'exon 3 (dieterich *et al.*, 2009). Nous avons détaillé ici l'identification de deux autres mutations : une mutation d'épissage retrouvée chez deux frères d'origine tunisienne et une mutation non-sens (p.248*) qui représente au final 13% des allèles mutés identifiés. La distribution géographique de ce variant semble plus étendue que celle de la mutation principale c.144delC.

Nos résultats montrent que les formes typiques des spermatozoïdes macrocéphales sont homogènes d'un point de vu génétique. D'autres mécanismes et probablement d'autres gènes peuvent conduire à la production de gamètes de grosses tailles mais dans des proportions inférieures à celles trouvées chez les patients porteurs de mutations AURKC. Pour une prise en charge adaptée des patients porteurs de spermatozoïdes macrocéphales une analyse moléculaire du gène *AURKC* est donc

*Chapitre I : spermatozoïdes macrocéphales*

*CONCLUSION*

recommandée. L'ICSI sera formellement contre-indiquée pour les patients porteurs de mutations AURKC qui pourront s'orienter vers le don de gamète ou l'adoption.

Le pronostic n'est pas aussi catégoriquement défavorable pour les patients non porteurs de mutations AURKC. On peut préconiser une analyse FISH des spermatozoïdes de ces patients pour estimer au mieux les chances de réussite d'une procréation médicalement assistée qui pourra éventuellement être accompagnée d'un diagnostique préimplantatoire (DPI).

# *Chapitre II : Les Spermatozoïdes avec des anomalies du flagelle*

**Article 3:** Mutations in Dynein cause male infertility by disrupting sperm flagellum axoneme growth (article en cours de rédaction).

*Chapitre II : spermatozoïdes avec anomalies flagellaires*

*INTRODUCTION*

**Après une revue de la littérature sur les spermatozoïdes avec des anomalies flagellaires et les gènes impliqués dans ces anomalies, nous exposerons les résultats de l'identification d'un nouveau gène : *DNAH1*, impliqué dans ce phénotype.**

## I. Les spermatozoïdes avec des anomalies flagellaires

### A. La littérature des anomalies flagellaires

Les défauts présents au niveau du flagelle de spermatozoïdes sont la principale cause des troubles de la motilité des spermatozoïdes.

Il y a deux principales formes de pathologies flagellaires, la $1^{ère}$ forme est une altération qui affecte un nombre variable de spermatozoïdes. Elle est appelée NSFAs (Non-specific Flagellar) Anomalies, tandis que la $2^{ème}$ forme est une altération qui touche la plupart des spermatozoïdes telle que est la dyskinésie ciliaire primitive et la dysplasie de la gaine fibreuse (figure 36). Cette forme est généralement associée à une ciliopathie.

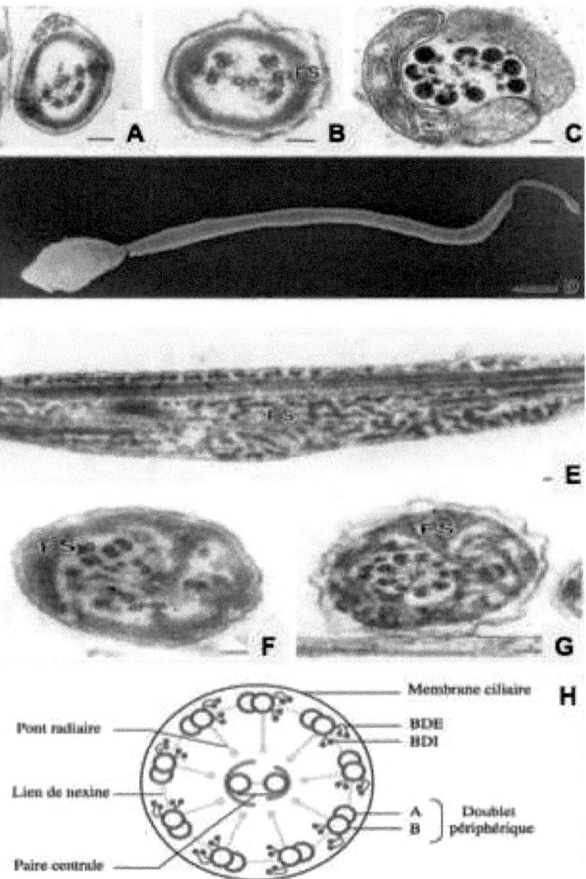

**Figure 36** : (A-C) La forme NSFAs des anomalies flagelliaires. Absence ou disposition incorrecte de certains doublets de microtubules, ce qui donne un axonème anormal. (D-G) Dysplasie de la gaine fibreuse (FS). Le flagelle est court, épais et irrégulier. La FS est désorganisée, un axonème déformé (F) ou de structure normale (G) peut être vu en association avec une FS amorphe (H) schéma de la structure d'un axonème du flagelle d'un spermatozoïde (adapté d'après Chemes, 2000).

Les anomalies d'origine génétique qui affectent la mobilité des spermatozoïdes sont des affections rares causées généralement par des altérations de la fonction du

*Chapitre II : spermatozoïdes avec anomalies flagellaires*

INTRODUCTION

flagelle des spermatozoïdes et des cils des voies respiratoires et qui engendrent généralement à la fois une infertilité masculine et des affections respiratoires. Ces affections sont regroupées sous le nom de dyskinésie ciliaire primitive (DCP). Un large spectre d'anomalies a été décrit chez les patients présentant une DCP comme des délétions totales ou partielles des bras de dynéine pour l'axomème flagellaire et ciliaire ainsi que l'absence de la paire centrale de microtubules, translocations microtubulaires, et l'absence de l'axonème.

La transmission familiale de la DCP est due à diverses mutations autosomiques récessives avec une importante hétérogénéité génétique. Les protéines impliquées comprennent des dynéines de chaînes lourdes ou des composantes de la paire centrale de microtubules qui ont été identifiés à la fois chez les humains et chez des souris knock out présentant un phénotype de DCP. Cependant, des transmissions dominantes ou liées à l'X ont également été décrites (Narayan *et al.*, 1994; Krawczyński and Witt, 2004; Moore *et al.*, 2006).

Les spermatozoïdes des patients affectés par ces anomalies présentent des flagelles courts, de calibres irréguliers, des gaines fibreuses désorganisées entourant des axonèmes incomplets. On peut également observer l'absence de mitochondries au niveau de la pièce intermédiaire, un défaut de migration de l'annulus et des altérations dans les fibres denses externes. Ces symptômes suggèrent que ce syndrome peut correspondre à un développement dysplasique du cytosquelette du flagelle durant la spermiogenèse.

Chez la souris, de nombreux mutants spontanés présentant des anomalies des spermatozoïdes ont été découverts. Ce n'est que récemment que la connaissance du génome de la souris a permis l'identification de gènes impliqués dans les anomalies spécifiques des spermatozoïdes. En outre l'identification d'un nombre croissant de gènes qui sont exprimés uniquement dans les testicules a permis la création de modèles murins KO.

Plusieurs modèles de souris Knock-out porteurs d'anomalies au niveau du flagelle du spermatozoïde présentent des troubles de la mobilité ont été étudiés (Escalier *et al.*, 2006). Plus de 300 souris KO ont été signalées pour afficher des troubles de la

*Chapitre II : spermatozoïdes avec anomalies flagellaires*

*INTRODUCTION*

reproduction dont 36 (12%) ont un défaut de mobilité et parmi lesquels 21 présentent des problèmes de la structure flagellaire (Escalier *et al.*, 2006) (tableau 7).

En plus des informations sur les gènes responsables de défauts flagellaires, ces modèles révèlent des facteurs génétique qui sont nécessaires à l'assemblage de l'axonème, de l'annulus, de la gaine mitochondriale et de la gaine fibreuse. Beaucoup de ces facteurs génétiques suivent des voies cellulaires inattendues qui agissent sur la morphogenèse du flagelle. Ces modèles murins peuvent porter des anomalies qui sont limitées aux spermatozoïdes ou peuvent afficher des anomalies plus complexes qui incluent souvent des ciliopathies. Ces modèles murins ont considérablement augmenté notre connaissance des facteurs génétiques qui sont nécessaires à la reproduction masculine. Au début, les gènes cibles ont été liés à des facteurs endocriniens, du cycle cellulaire et de la méiose. Par conséquent les premières études sur les souris KO atteintes d'insuffisance spermatogénique ne comprenaient pas de modèles des anomalies spécifiques des flagelles des spermatozoïdes.

Par la suite des études sur des souris KO invalidées pour des composantes axonèmales ou periaxonemales, comme *Dnahc7* (Neesen et al., 2001), *Tcte3* (LC Tctex2 du bras externe de dynéine) (Rashid et al., 2010), *Spag6* (Sapiro et al., 2002), *Spag16L* (Zhang et al., 2006), *Odf2* (Tarnasky *et al.*, 2010) et *Tektin 2* (Tanaka et al., 2004) ont objectivé le rôle de ces gènes dans la motilité ciliaire et flagellaire.

Une étude récente, principalement basée sur des donnés de transcriptomique, recense plusieurs centaines de gènes associés aux cils et aux flagelles (ciliome). La majorité des gènes directement impliquée dans un défaut de mobilité flagellaire et de structure flagellaire est citée dans les tableaux 8 et 9. Dans la partie suivante j'ai choisi de détailler quelques uns de ces gènes.

*Chapitre II : spermatozoïdes avec anomalies flagellaires*

INTRODUCTION

**Tableau 8 : Gènes impliqués dans des ciliopathies chez l'humain et affectant la structure axonémale et la mobilité des spermatozoïdes (Inaba, 2011).**

| Gène impliqué dans des ciliopathies chez l'homme | Protéine produite | Localisation de la protéine | Défaut au niveau de la structure de l'axonème |
|---|---|---|---|
| *DNAH5* | -Dynein axonemal heavy chain 5 | ODA | ODA |
| *DNAH11* | -Dynein axonemal heavy chain 11 | | |
| *DNAI1* | -Dynein intermediate chain 1 | | |
| *DNAI2* | -Dynein intermediate chain 2 | | |
| *TXNDC3* | -Thioredoxin domain containing 3 (DIC) | ODA Cytoplasme (assemblage de l'axonème) | ODA |
| *DNAAF2(KTU)* | -Dynein axonemal assembly factors 2 | | |
| *RSPH9* | -Radial spoke protein 9 | Ponts radiaires | Doublet microtubulaire central |
| *RSPH4* | -Radial spoke protein 4 | | |
| *CCDC39* | -Coiled-coil domain containing 39 | Complexe de régulation de Dynéine | Désorganisation de la structure de l'axonème |
| *CCDC40* | -Coiled-coil domain containing 40 | | |
| *RPGR* | -Retinitis pigmentosa GTPase regulator | Axonème ODA/IDA | IDA ODA/IDA |
| *LRRC50* | -Leucine-rich repeat containing 50 | | |

109

*Chapitre II : spermatozoïdes avec anomalies flagellaires*

INTRODUCTION

**Tableau 9 : Gènes pour lesquels il a été montré que les souris invalidées présentent des défauts de la structure axonémale et de la mobilité des spermatozoïdes (Inaba, 2011).**

| Gène invalidé chez KO et responsable d'un défaut de la structure axonémale | Protéine produite | Localisation de la protéine | Défaut au niveau de la structure de l'axonème |
|---|---|---|---|
| *Dnahc1* | Dynein axonemal heavy chain 1 | IDA | IDA/ODF |
| *Tcte3* | Dynein light chain | ODA | ODA |
| *Spag6* *Spag16L* | Sperm antigen 6 Sperm antigen 16 | Le doublet microtubulaire centrale | Le doublet microtubulaire centrale |
| *Tect2* | Tektin 2 | Doublet microtubulaire | IDA |
| *Agtpbp1 (Nna1)* *Jund* | ATP-GTP-binding protein 1 Jun proto-oncogene ralated gene d | - - | Assemblage de l'axonème |
| *PGs1* | phosphatidylglycerophosphate synthase 1 | Doublet microtubulaire | Le doublet microtubulaire centrale et périphérique |

1. **Les gènes de dynéines axonémales**

    *a. Souris KO pour le gène Dnahc1*

La dynéine est un moteur moléculaire qui génère le mouvement des cils mobiles et des flagelles. Dnahc1 est une dynéine à chaîne lourde qui est assemblée avec les dynéines à chaîne légère (Dnal) et intermédiaires (Dnai) dans les complexes multi-protéiques pour former des bras de dynéine externes et internes (ODA et IDA) qui sont attachés aux microtubules axonémales. Les dynéines à chaînes lourdes forment les têtes globulaires et la tige du complexe protéique contient les domaines moteurs des microtubules (figure 37) (Inaba, 2003).

*Chapitre II : spermatozoïdes avec anomalies flagellaires*

INTRODUCTION

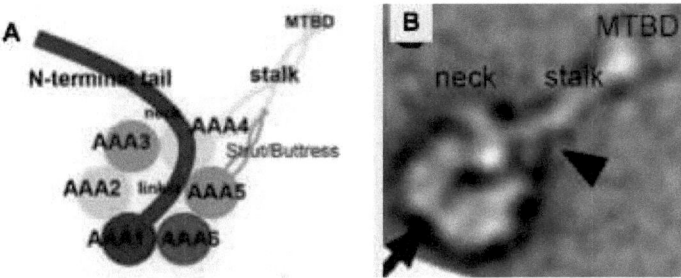

**Figure 37 :** (A) Schéma de la structure de la chaîne lourde de dynéine. Schéma (B) Observation en microscopie électronique d'une dynéine axonémale. La tête globulaire se compose de six domaines AAA (ATPase Associated with cellular Activities), dont le domaine catalytique de l'ATP est le domaine AAA1 (adapté d'après Ishikawa, 2012)

Les bras de dynéines internes de l'axonème sont composés d'un ensemble de 3 types d'IDA (1-3). La protéine Dnahc1 est une composante de l'IDA3. Les souris invalidées pour le gène Dnahc1 présentent des délétions au niveau de la région centrale et de la région C terminale de ce gène qui contient le site de liaison à l'ATP. Les souris mâles sont stériles. La fréquence de battement des cils du tractus respiratoire est réduite. Les spermatozoïdes $Dnahc1^{-/-}$ sont incapables de se déplacer de l'utérus vers l'oviducte mais ils sont capables de féconder in vitro. Néanmoins seulement 38% des spermatozoïdes sont mobiles, et ces spermatozoïdes présentent une réduction d'environ 50% de l'amplitude latérale et une légère augmentation de la fréquence du battement.

En 2005 l'équipe de Neesen a pu voir la différence qui existe entre les souris invalidées pour *Dnahc1* et le type sauvage, ils ont trouvé que les têtes globulaires de la chaîne lourde sont disposées sous la forme 3-2-1 au lieu de la forme 3-2-2 (figure 38) (Vernon *et al.*, 2005). Au niveau des spermatozoïdes $Dnahc1^{-/-}$ ; IDA3 ne possède qu'une seule tête. Lorsque le spermatozoïde acquiert la mobilité dans l'épididyme, les fibres denses externes sont attachées d'une manière anormale à la surface interne des mitochondries (Woolley *et al.*, 2005).

*Chapitre II : spermatozoïdes avec anomalies flagellaires*

INTRODUCTION

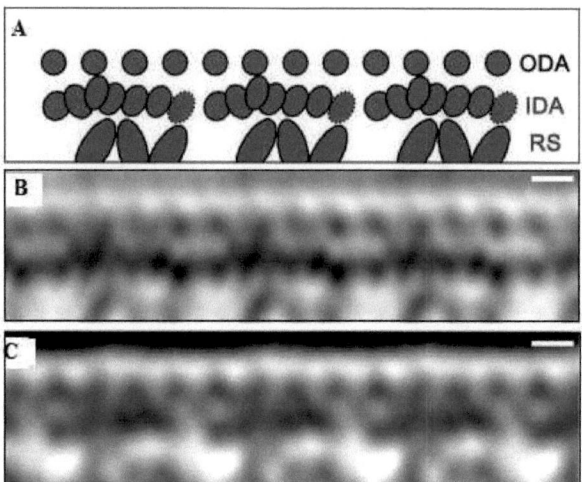

**Figure 38 : Le diagramme A donne l'interprétation des auteurs des l'images B et C.** La structure de la rangée supérieure représente les bras de dynéine externes **(ODA)**, la structure de la rangée du milieu les bras de dynéine interne **(IDA)**, et celle de la rangée du bas sont les ponts radiaires **(RS)**.

*b. Les gènes de dynéines axonémales*

Plusieurs gènes qui codent pour des protéines de l'axonème ont été identifiés chez des patients ayant une DCP. On peut citer les gènes qui codent pour des dynéines à chaîne lourdes qui se trouvent au niveau de l'ODA tels que *DNAH5* (Olbrich *et al.*, 2002) et *DNAH11* (Bartoloni *et al.*, 2002), il y a aussi des gènes qui codent pour des dynéines à chaîne intermédiaires tels que *DNAI1* (Pennarun *et al.*, 1999) et *DNAI2* (Loges *et al.*, 2008). *DNAL1* un autre gène qui fait partie des dynéines à chaîne légère et qui a été décrit plus récemment (Mazor *et al.*, 2011).

2. Tektin-t (Tekt2)

Le protofilament tektin est présent dans le tubule A des doublets de l'axonème et il est localisé à proximité des sites de liaison des ponts radiaires (RS), des liens de nexines et des bras de dynéine internes (IDA). Tektin-t est spécifique aux spermatides et

112

*Chapitre II : spermatozoïdes avec anomalies flagellaires*

INTRODUCTION

est exprimé dans le flagelle du spermatozoïde. Les spermatozoïdes de souris mutante pour *Tektin-t* sont incapables d'atteindre les oviductes des femelles mais ont la capacité de féconder in vitro. Pour les spermatozoïdes *Tektin-t-/-*, la mobilité est réduite. Environ 70% des spermatozoïdes issus de souris KO pour ce gène possèdent des flagelles anormalement pliés (enroulés) et un déficit partiel ou une perte des IDA. Un nombre variable des IDA sont manquants dans les cils des voies respiratoires, ce qui affecte gravement leur activité (figure 39) (Tanaka *et al.*, 2004).

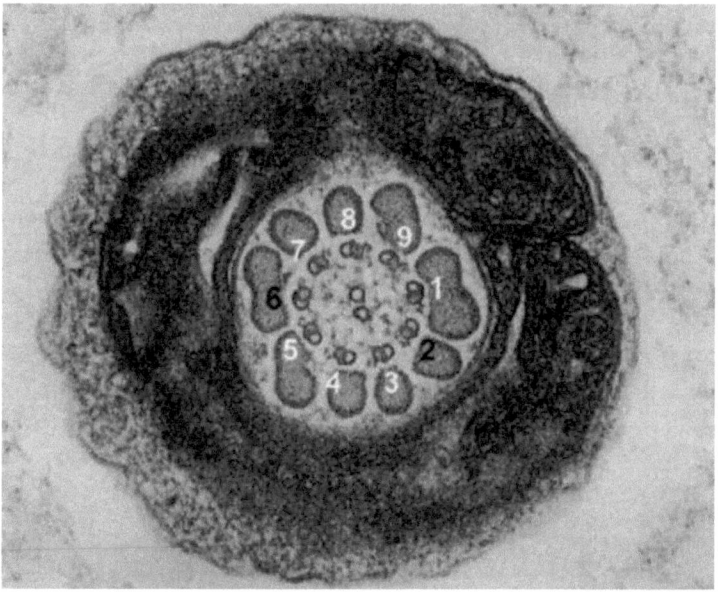

**Figure 39 : Coupes transversales de flagelle de la pièce intermédiaire pour une souris mutante pour le gène tektin-t.** Les IDAs sont absents aux positions 2 et 6.

3. **Les gènes Spag (sperm associated antigen)**

   a. *Spag 6*

Le gène Spag6 est l'orthologue murin de Chlamydomonas PF16. PF16 est

113

*Chapitre II : spermatozoïdes avec anomalies flagellaires*

*INTRODUCTION*

caractérisé par la présence de huit motifs contigus répétés qui sont impliqués dans l'interaction protéine-protéine. Le flagelle est immobile chez le mutant PF16 de Chlamydomonas et le microtubule C1 de la paire centrale de l'axonème est instable.

Spag6 est localisé au niveau de l'appareil central de l'axonème du flagelle. La quantité d'ARNm de Spag6 présente dans les cellules pulmonaires est faible. Chez les mammifères, SPAG6, PF6 et SPAG16 forment un complexe qui compose les liens de l'appareil central de l'axonème. D'après Sapiro et coll. environ 50% des souris invalidées pour Spag6 ont un retard de croissance et meurent avant l'âge de 2 mois à cause d'une hydrocéphalie. Toutefois, l'ultrastructure des cils de la trachée et de l'épidydyme de ces modèles semble être normale (Sapiro *et al.*, 2002). Les souris *Spag6-/-* qui survivent sont stériles avec 60% de spermatozoïdes anormaux qui présentent une fragmentation au niveau de la pièce intermédiaire, un flagelle tronqué et des spermatozoïdes décapités. L'axonème du flagelle est absent, alors que les fibres denses et la gaine fibreuse sont présentes mais désorganisées (Figure 40). Très peu de ces spermatozoïdes *Spag6-/-* sont mobiles et leur mouvement est caractérisé par une vitesse réduite.

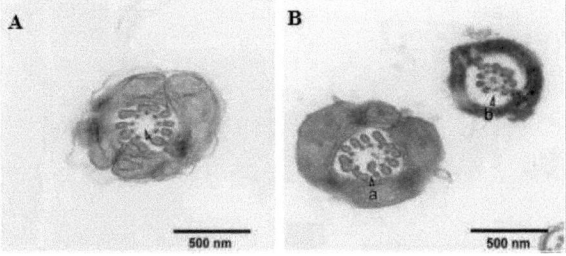

**Figure 40 : L'ultrastructure du flagelle de spermatozoïde de souris Spag 6 - /-.** (A) Coupe transversale au niveau du flagelle de spermatozoïde de souris *Spag6 - /-* cette structure présente une absence du doublet de microtubules centraux de l'axonème. (B) Ces deux coupes montrent une désorganisation au niveau des fibres denses externes (Sapiro *et al.*, 2002).

*b. Spag16*

*Chapitre II : spermatozoïdes avec anomalies flagellaires*

INTRODUCTION

Spag 16, l'orthologue murin du gène *PF20* chez C. reinhardtii, est une protéine connue pour être essentielle pour la formation de l'axonème et la mobilité flagellaire. Chez *C. Reinhardtii*, le gène *PF20* code pour une protéine présente au niveau de la paire centrale de microtubules de l'axonème. L'absence de ce gène empêche l'assemblage de la paire centrale de l'axonème et peut être la cause d'une immobilité flagellaire.

D'après une étude récente effectuée chez le modèle murin, le gène *Spag16* code pour deux protéines : la protéine SPAG16L et SPAG16S. La protéine SPAG16L s'exprime uniquement dans les cellules germinales mâles. Seules les souris ayant un défaut d'expression de la protéine SPAG16L sont infertiles. Les souris ayant une mutation supprimant à la fois les transcrits pour SPAG16L et SPAG16S ont un défaut profond dans la spermatogenèse (Nagarkatti-Gude *et al.*, 2011).

4. *Agtpbp1* (*Nna1*)

La souris invalidée pour le gène *Agtpbp1* (*Nna1*) présente une dégénérescence des cellules de Purkinje.

La cellule de Purkinje est une cellule neuronale sensible. La perte de ces cellules est observée au cours du vieillissement cérébral et des maladies neurodégénératives. Les souris PCD (PCD pour Purkinje cell degeneration) présentent une ataxie modérée avec perte des cellules photoréceptrices rétiniennes au cours de la première année de la vie. $pcd^{1J}$ est la 1$^{ère}$ mutation ayant conduit à des souris mâles stériles avec des spermatozoïdes ayant des flagelles immobiles et de structure anormale.

Par la suite deux autres phénotypes ($pcd^{2J}$ et $pcd^{3J}$) ont été décrits, ces deux phénotypes sont presque identiques sauf que les mâles $pcd^{2J}$ sont fertiles. Chez la souris la région impliquée dans le syndrome PCD contient la protéine Nna1 (nervous system nuclear protein induced by axotomy). Nna1 code pour une protéine de liaison ATP-GTP et est exprimé dans le cerveau, la rétine et dans les spermatides. Un variant provoquant la perte de l'exon 8 de Nna1 a été identifié chez les souris présentant le phénotype $pcd^{3J}$. Le phénotype $pcd^2$ pourrait être expliqué par un taux du transcrit Nna1 insuffisant (Fernandez-Gonzalez *et al.*, 2002).

*Chapitre II : spermatozoïdes avec anomalies flagellaires*

INTRODUCTION

### 5. *Jund1* (Jun proto-oncogene related gene d)

La famille des protéines Jun regroupe des facteurs activateurs de transcription (c-Jun, JunB and JunD). Jund1 est présent dans l'épididyme, dans les cellules testiculaires interstitielles, dans les cellules de sertoli, dans les spermatocytes et dans les spermatides. Les souris qui n'expriment pas cette protéine présentent une oligo-asthéno-tératospermie avec une forme anormale de la tête et une désorganisation dans la structure axonémale du flagelle (figure 41), les structures axonémale et péri-axonémale sont totalement dispersées dans une masse cytoplasmique (Thépot *et al.*, 2000).

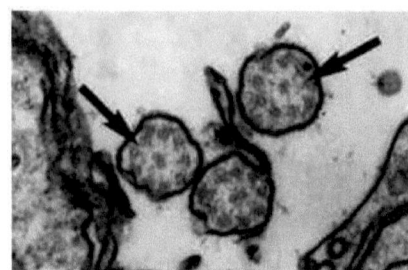

**Figure 41 : Coupe transversale de flagelles de spermatozoïdes de souris Jund -/-.**
Nous observons une désorganisation au niveau de la structure de l'axonème (Thépot *et al.*, 2000)

### 6. *Pol-λ/Dpcd* (deleted in primary ciliary dyskinesia)

L'ADN polymérase lambda est un membre de la famille des polymérases X qui est impliquée dans la réparation des dommages de l'ADN. *Pol*-λ a été détecté dans plusieurs tissus et principalement dans les testicules. Cette protéine est impliquée dans la méiose.

Chez l'homme, le gène *Pol*-λ s'exprime avec un taux élevé dans les testicules. Les souris invalidées pour *Pol*-λ présentent des spermatozoïdes qui possèdent des flagelles courts avec une forme anormale de la tête et de la structure axonémale. Une désorganisation au niveau de la structure axonémale a été observée chez ces souris, elle est due à l'absence des IDA (Kobayashi *et al.*, 2002).

*Chapitre II : spermatozoïdes avec anomalies flagellaires*

INTRODUCTION

### 7. Pgs1 (phosphatidylglycerophosphate synthase 1)

Les souris mâles rosa 22 sont stériles à cause d'une mutation au niveau du gène Pgs1, ce gène code pour une sous unité de la polyglutamylase. La protéine Pgs1 est fortement exprimée dans le flagelle de spermatozoïdes de souris. Elle est impliquée dans la localisation des enzymes de polyglutamilation dans les tubulines. Les souris mâles Rosa22 sont infertiles car elles présentent une absence des doublets périphériques ou centraux des microtubules au niveau de l'axonème (Campbell *et al.*, 2002).

### 8. *Ube2b* (ubiquitin-conjugating enzyme E2B)

Le gène *Ube2b* présente une forte homologie avec le gène Rad6 chez Saccharomyces cerevisiae. Ce gène code pour une protéine appelée EB2. Le modèle murin invalidé pour le gène Ube2b est stérile et possède des défauts au niveau des flagelles des spermatozoïdes (flagelle de calibre irrégulier) (figure 42) (Roes *et al.*, 1996).

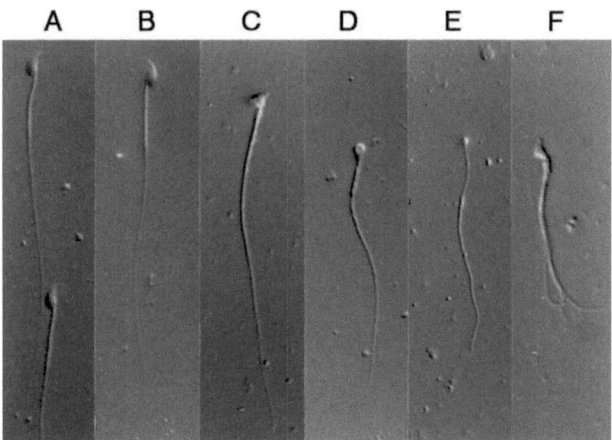

**Figure 42 : Morphologie des spermatozoïdes de souris Ube2b -/-.** (A) Morphologie normale et (B-F) Morphologie anormale de spermatozoïdes de souris Ube2b -/- présentant des flagelles avec des calibres irréguliers et des anomalies de la tête (Roes *et*

*Chapitre II : spermatozoïdes avec anomalies flagellaires*

INTRODUCTION

al., 1996).

9. *Gopc* (golgi associated PDZ and coiled-coil motif containing)

Gopc est une protéine associée au Golgi. Cette protéine est impliquée dans la structure et la fonction du Golgi et dans le trafic vésiculaire. Dans les spermatocytes de souris, la protéine Gopc est localisée dans la région périnucléaire, alors que pour le spermatide en élongation, elle est localisée dans le compartiment cytoplasmique (Hicks and Machamer, 2005). Les souris mâles *Gopc$^{-/-}$* sont infertiles et la mobilité de leurs spermatozoïdes est réduite. Les flagelles de ces spermatozoïdes sont souvent enroulés autour du noyau (figure 43) et disloqués de la fosse d'implantation. L'absence de l'annulus périnucléaire est probablement responsable de la perte de l'intégrité des flagelles (Ito *et al.*, 2004).

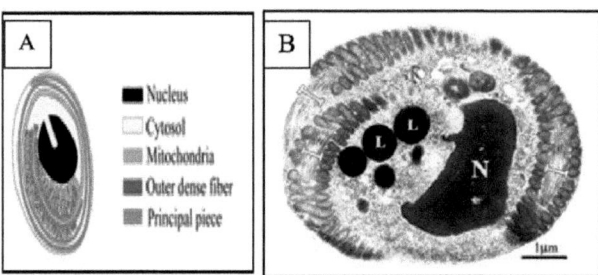

**Figure 43 : La forme du flagelle du spermatozoïde chez les souris *Gopc*-/-.** (A) Schéma représentatif du spermatozoïde chez les souris *Gopc*-/-. (B) Coupe transversale en MET (Ito *et al.*, 2004).

10. Le gène *Spef2*

Comme nous l'avons déjà décrit, la dyskinésie ciliaire primitive (DCP) résulte de défauts au niveau de la fonction des cils. Les souris homozygotes pour la mutation de BGH (BGH pour Big Giant Head) ont plusieurs anomalies couramment associées à la DCP, y compris l'hyderocéphalie, l'infertilité masculine, et la sinusite.

Une équipe a récemment effectué des études sur ces souris en

*Chapitre II : spermatozoïdes avec anomalies flagellaires*

*INTRODUCTION*

immunofluorescence et par microscopie électronique. Les résultats de ces analyses montrent que l'infertilité de ces souris est due à la présence de flagelles écourtés accompagnée d'une désorganisation de la structure de l'axonème et des structures extra-axonémales. Ces anomalies apparaissent au stade de spermatide en élongation. Grâce à une approche de clonage positionnelle, ils ont pu identifier deux variations de séquence dans le gène *Spef2* (Sperm Flagellar 2) qui code pour une protéine flagellaire du sperme, et qui joue un rôle important dans la spermatogenèse et l'assemblage du flagelle (Sironen *et al.*, 2011).

### 11. Le gène *RSPH9*

Une analyse de liaison par des marqueurs SNP a été effectuée sur sept familles. Les membres de ces familles ont des liens de parenté et présentent une dyskinésie ciliaire primitive ainsi que des défauts au niveau de la paire de microtubules centrale de l'axonème. Cette étude a recensé deux loci, dans deux familles avec une absence intermittente de la structure centrale de l'axonème et dans cinq familles avec absence totale de la paire centrale. Des mutations présentes à l'état homozygote ont été identifiées dans deux gènes candidats, le gène *RSPH9* localisé au niveau du chromosome 6p21.1 et le gène *RSPH4A* localisé au niveau du chromosome 6q22.1. Ces mutations sont associées et l'identification d'un haplotype commun pour la mutation localisée en *RSPH4A* a permis de conclure que cette mutation est due à un effet fondateur. Les deux gènes *RSPH9* et *RSPH4A* codent pour des composantes protéiques des ponts radiaires. Chez le modèle murin, une hybridation in situ a permis de localiser la protéine Rsph9 au niveau des régions contenant des cils mobiles.

Une étude de l'effet de la mutation chez l'orthologue du gène *RSPH9* chez *Chlamydomonas* indique que les protéines des ponts radiaires sont importantes car elles permettent de maintenir le mouvement normal des cils et des flagelles (Castleman *et al.*, 2009).

## II. Identification de nouveaux gènes impliqués dans le phénotype des anomalies flagellaires

# PATIENTS ET MATERIELS

### I. Les échantillons biologiques

Dans notre étude nous avons inclus 20 patients présentant 100% d'anomalies flagellaires (figure 44) avec une mobilité réduite (Tableau 10 et 11). Les deux tableaux indiquent les paramètres du spermogramme et du spermocytogramme pour ces 20 patients. Cette cohorte est d'origine nord-africaine (7 Algériens, 11 Tunisiens (dont 2 sont frères) et 2 Lybiens). Douze patients sont issus de parents consanguins du 1$^{er}$ degré. Tous les patients ont donné leur consentement éclairé.

**Tableau 10 : Caractéristiques du spermogramme pour les 20 patients**

| Caractéristique du spermogramme | Moyenne | Normes (OMS 99) |
|---|---|---|
| Volume du sperme (ml) | 3,34 | = 2ml |
| Concentration spzx10$^6$/ml | 21,77 | = 20.10$^6$/ml |
| Mobilité (%) | 10 | =25% |
| Vitalité (%) | 42,16 | =50% |

*Chapitre II : spermatozoïdes avec des anomalies flagellaires*

PATIENTS ET MATERIEL

**Tableau 11 : Caractéristiques moyennes du spermocytogramme réalisé à partir de 100 spermatozoïdes pour les 20 patients.**

| Caractéristique du spermocytogramme | Moyenne |
|---|---|
| Anomalies flagellaires (%) | 100% |
| Flagelle absent | 28 |
| Flagelle écourté | 42 |
| Flagelle de calibre irrégulier | 52 |
| Flagelle enroulé | 14 |
| Index d'Anomalies Multiples | 2,86 |

Nous avons reçu 20 prélèvements de patients qui présentent des anomalies flagellaires. Les prélèvements dont nous disposons nous proviennent de Tunisie. Pour tous ces patients, nous avons reçu un volume de 2ml de salive destinée à l'extraction d'ADN.

Au cours de notre étude et après l'identification de variants au niveau d'un des gènes candidats, nous avons pu récupérer du sang frais prélevé sur tube EDTA ainsi qu'un recueil de sperme. Nous avons reçu ces deux prélèvements à partir de deux frères, le patient **P1** et le patient **P2**, qui sont d'origine tunisienne. Le 1er prélèvement a servi pour une extraction d'ARN et le 2ème prélèvement a servi pour l'immunomarquage ainsi que pour la préparation de grilles pour une observation en microscopie électronique à transmission.

*Chapitre II : spermatozoïdes avec des anomalies flagellaires*

PATIENTS ET MATERIEL

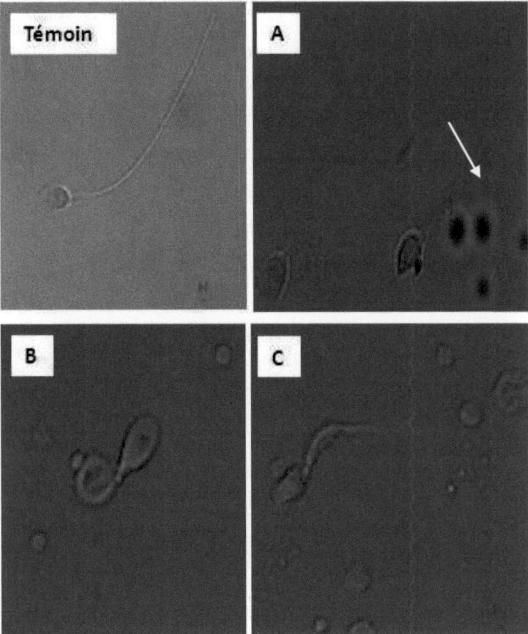

**Figure 44 : Photos de spermatozoïdes en microscopie électronique des anomalies flagellaires présentes chez les patients de notre cohorte. A)** Spermatozoïde avec un flagelle de calibre irrégulier. **B)** Spermatozoïde à flagelle enroulé. **C)** Spermatozoïde avec un flagelle écourté et épais.

# METHODES

## I. La recherche du gène d'intérêt

### A. La stratégie de recherche du gène candidat par la méthode d'homozygotie par filiation

Notre étude a été réalisée sur une cohorte de patients infertiles qui présentent des anomalies flagellaires. Le but de cette étude est de caractériser le ou les gènes impliqués dans cette pathologie en utilisant une stratégie de cartographie par homozygotie. Cette stratégie, décrite en 1987 par E.S. Lander et D. Botstein (Lander and Botstein, 1987), s'applique à des patients présentant un phénotype caractéristique et issus de familles consanguines ou venant d'un même groupe ethnique ou géographique. Pour de tels patients on postule que le phénotype est causé par la présence d'une mutation homozygote qui leur vient d'un ancêtre commun à leurs deux parents. Le but de cette méthode est de rechercher des régions d'homozygoties communes aux différents patients qui seront susceptibles de contenir des mutations causales (présentes à l'état homozygote). Le risque pour un couple issu d'une même famille de donner naissance à un enfant homozygote pour une mutation récessive se trouve donc augmenté par rapport à la population générale. La mutation et la région qui l'entoure sont héritées d'un ancêtre commun unique et on s'attend donc à trouver une région d'homozygotie entourant la mutation.

Des populations avec un possible effet fondateur ont aussi été étudiées. Ces populations sont issues d'une même région géographique avec peu de migration donc peu de brassage génétique. Si une mutation récessive apparaît, elle a plus de chance de se transmettre à l'état hétérozygote sur plusieurs générations et pourra apparaître à l'état homozygote (Figure 45 et 46). Là encore la mutation causale sera entourée par une région homozygote héritée d'un ancêtre plus ou moins lointain. La taille de cette région d'homozygotie sera inversement proportionnelle au nombre de générations séparant le cas index de son ancêtre lui ayant transmis la mutation.

*Chapitre II : spermatozoïdes avec des anomalies flagellaires*

*METHODES*

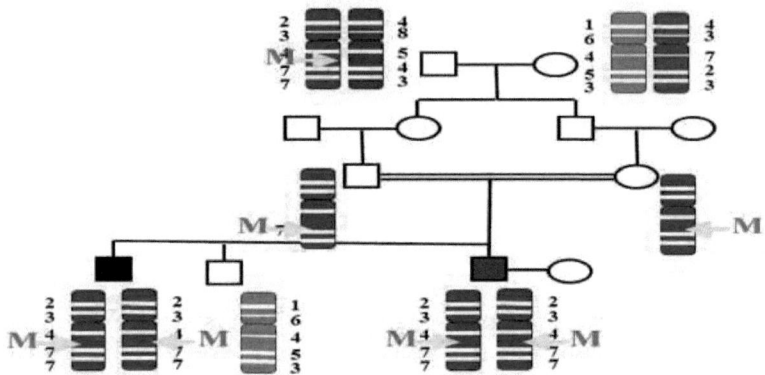

**Figure 45 :** Exemple d'une famille consanguine montrant la transmission d'une mutation M

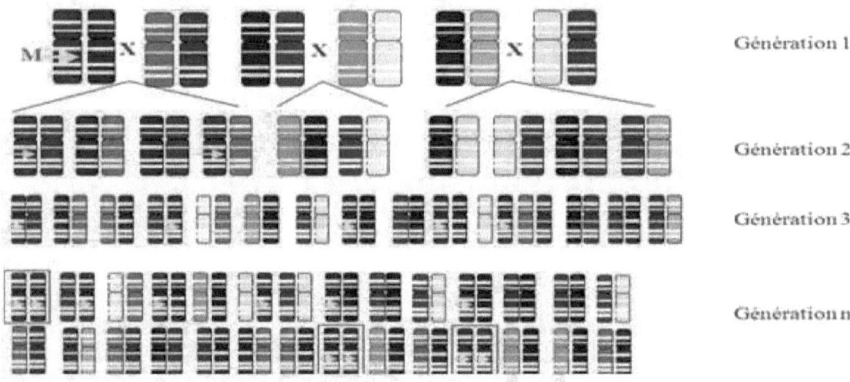

**Figure 46 :** Exemple d'une population avec un effet fondateur

Ces régions d'homozygotie peuvent être identifiées grâce à l'utilisation de puce à ADN. Ces puces permettent de génotyper des marqueurs de type SNP (Single Nucleotide Polymorphism). La présence d'un nombre important de marqueurs homozygotes adjacents sur un chromosome signe une région d'homozygotie. En effet, cette approche permet de rechercher des régions d'homozygoties communes à plusieurs patients, signature potentielle de la localisation de la mutation responsable de la

*Chapitre II : spermatozoïdes avec des anomalies flagellaires*

*METHODES*

pathologie (Figure 46).

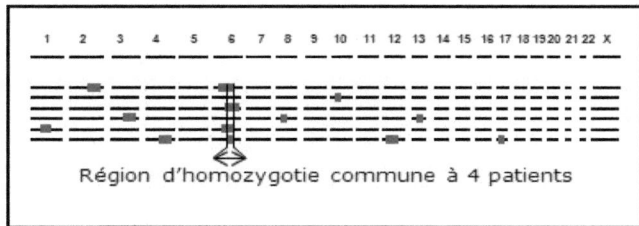

**Figure 47** : Une analyse sur « puces à ADN » de type SNP (pour single nucleotide polymorphism) permet d'analyser des variants génétiques répartis sur tout le génome et de repérer les régions d'homozygotie. Cette analyse est réalisée sur plusieurs patients présentant le même phénotype et ayant une consanguinité familiale. La présence d'une région d'homozygotie localisée au même endroit sur le génome chez plusieurs patients peut indiquer que la mutation causale se trouve dans cette région.

B. **Analyse de liaison par matrices de sondage Affymétrix :**

Nous avons choisi d'effectuer une analyse de liaison en utilisant des puces ADN Affimetrix 250K. L'analyse consiste dans un premier temps à rechercher les zones d'homozygotie chez tous les patients. Les puces GeneChip® d'Affymetrix sont des puces à SNP (Single Nucleotide Polymorphism) qui contiennent 250 000 sondes uniques.

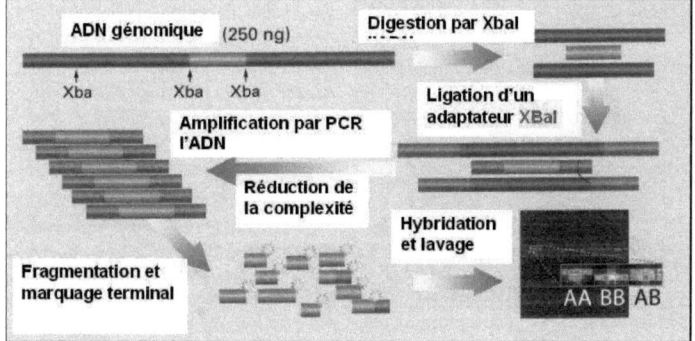

*Chapitre II : spermatozoïdes avec des anomalies flagellaires*

*METHODES*

**Figure 48 : Représentation des principales étapes d'utilisation des puces à ADN Affymetrix.**

L'utilisation des puces Affymetrix 250K nécessite les étapes suivantes (figure 47):

Vérification de l'intégrité des ADN suivie d'une étape de purification, puis digestion des ADN. Vient par la suite la ligation qui consiste à lier à l'ADN un fragment appelé Adaptor Xba par une ligase. Les fragments d'ADN purifiés liés à l'Adaptor sont amplifiés par PCR. Une fois les produits de PCR purifiés et fragmentés, ils sont soumis à une électrophorèse en gel d'agarose. L'étape suivante consiste en un marquage à l'aide d'un réactif de marquage des produits de PCR purifiés et fragmentés. La dernière étape consiste en l'hybridation des puces.

La réalisation des puces SNP a été sous-traitée à la société COGENICS (Meylan). L'analyse des données à été réalisée au laboratoire en utilisant le logiciel homoSNP développé par Frédéric Plewniak de l'IGBMC de Strasbourg.

### C. PCR et Séquençage de tous les exons-jonction intron/exons des gènes candidats

Les caractéristiques des PCR permettant l'amplification des exons et des jonctions exons-introns des gènes susceptibles d'être impliqués dans les anomalies flagellaires sont résumées dans le tableau 12.

**Tableau 12 : Volume et concentration utilisées pour chaque réaction de PCR**

| Réactifs de la PCR | Volume |
|---|---|
| ADN génomique (50ng/µl) | 2 µl |
| Amorce sens (10µM) | 3 µl |
| Amorce Anti-sens (10µM) | 3 µl |
| Tampon 10X | 3 µl |
| dNTP (25mM) | 3 µl |

*Chapitre II : spermatozoïdes avec des anomalies flagellaires*

*METHODES*

| Glycerol (50%) | 3 µl |
|---|---|
| Taq polymerase | 0,2 µl |
| H2O | Qsp 30 µl |

Chaque PCR comprend 35 cycles comprenant trois étapes : une dénaturation de 10s à 94°C, une hybridation de 30s à la température d'hybridation des amorces et une étape d'élongation de 1min à 72°C. Les produits amplifiés sont soumis à une électrophorèse en gel d'agarose 2%. Les séquences nucléotidiques des couples d'amorces utilisées lors de l'amplification des parties codantes des gènes candidats (*KIF9*, *SPAG4* et *DNAH1*) sont décrites dans l'**Annexe I**.

Le séquençage a été réalisé avec un séquenceur ABI3130. Toutes les étapes qui ont suivi l'amplification par PCR sont détaillées dans le **chapitre I**.

## II. Confirmation de l'implication des gènes candidats

### A. RT-PCR

La transcription inverse est réalisée comme indiqué dans le chapitre I. Par la suite nous avons réalisé une PCR sur l'ADNc. Nous avons utilisé 3 couples d'amorces qui amplifient l'ADNc pour le gène *DNAH1*. En parallèle, nous avons effectué deux PCRs avec deux couples d'amorces, qui amplifient deux gènes, qui s'expriment de manière ubiquitaire : le gène *GAPDH* (glycéraldéhyde-3-phosphate déshydrogénase) et le gène *RPLP0* (Ribosomal Protein Large P0). Toutes les amorces utilisées ainsi que les tailles des amplifiats et la température d'hybridation à laquelle fonctionne chaque couple d'amorce sont indiquées dans le tableau 13.

**Tableau 13 : Amorces utilisées pour amplifier les exon 33, 66 et 74 du gène *DNAH1* et les amorces utilisées des gènes de référence *GAPDH* et *RPL0***

| Nom d'amorce | Séquence d'amorce | Taille de l'amplifiat | T°hybridation |
|---|---|---|---|
| Exon 32 Fw | ACATCGAGGTGCTGTCTGTG | 228 pb | 57°C |
| Exon 34 Re | TGATCATGGCGTAATCTGGA | | |
| Exon 65 Fw | TGGAACTCATCAAGGTGCTG | 293 pb | 57°C |
| Exon 67 Re | GGTCAGGTAGCGGTTGATGT | | |
| Exon 74 Fw | CTCGGGCATCTACCACCAG | 241 pb | 57°C |
| Exon 76 Re | AATGTTTTGGGTGACGTCCT | | |
| Gène de référence | | | |
| RPL0 Fw | GGCGACCTGGAAGTCCAACT | 148 pb | 60°C |
| RPL0 Re | CCATCAGCACCACAGCCTTC | | |
| GAPDH 3F | GAG TCA ACG GAT TTG GTC GT | 238 pb | 60°C |
| GAPDH 3R | TTG ATT TTG GAG GGA TCT CG | | |

## B. Marquage des spermatozoïdes humains par un anticorps anti-DNAH1 (gène candidat)

### 1. Lavage du sperme congelé

Mettre les paillettes de sperme dans l'étuve à 37°C pendant 10 min, puis le contenu des paillettes est vidé dans des eppendorfs de 1,5ml. Par la suite deux lavages sont nécessaires afin d'éliminer le cryoprotecteur, il faut rajouter au goutte à goute en agitant manuellement un volume de 1000µl de DPBS (Dulbecco's Phosphate Buffered Saline) pour chaque tube puis centrifuger le mélange pendant 5 min à 1400 rpm. Il faut finir par resuspendre le culot dans 1ml de PBS (Phosphate Buffered Saline).

*Chapitre II : spermatozoïdes avec des anomalies flagellaires*

*METHODES*

## 2. La concentration

La concentration en spermatozoïdes est évaluée en utilisant un hémocytomètre. Le sperme est dilué au $1/10^{ième}$ en ajoutant pour un volume de 10µl de sperme 90 µl d'H2O Ultrapure. L'ajout de l'H2O Ultrapure facilite le comptage puisqu'il provoque la mort des spermatozoïdes et leur immobilisation. Le mélange est déposé dans la cellule de Malassez et recouvert d'une lamelle. Le comptage s'effectue au microscope inversé au grossissement x 200 ou x 400.

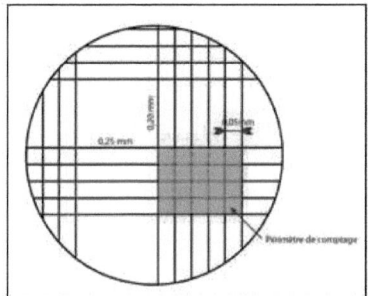

Nous avons testé deux méthodes de fixation, la méthode au Méthanol et celle au Paraformaldéhyde (PFA) et nous avons retenu celle à la PFA.

## 3. Préparation des lames

La préparation des lames se fait en délimitant la zone où sera déposé l'échantillon. Cette délimitation se fait par un crayon marqueur Dakopen à dépôt hydrophobe insoluble dans l'acétone et dans l'alcool. Ce crayon crée une barrière hydrophobe sur les lames.

## 4. Fixation au Paraformaldéhyde (PFA)

Préparation des lames en délimitant la zone où sera déposer l'échantillon cette délimitation se fait par un crayon marqueur Dakopen a dépôt hydrophobe insoluble dans l'acétone et dans l'alcool. Ce crayon crée une barrière hydrophobe sur les lames.

Faire une centrifugation du tube de sperme à 1400 rpm pendant 5 min, une fois

*Chapitre II : spermatozoïdes avec des anomalies flagellaires*

*METHODES*

le surnageant éliminé, il faut rajouter un volume de 1000µl de PFA dilué à 4% au culot puis vortexer doucement. Après une incubation de 2 minutes à température ambiante, effectuer une centrifugation à 1400 rpm pendant 5 min. Enlever le surnageant puis faire 2 lavages au PBS. Une fois les 2 lavages effectués, re-suspendre le culot final dans 1000µl de PBS. Déposer 100µl par lame dans la zone délimitée par le Dakopen puis laisser sécher à température ambiante (une fois les lames sèches, conserver à -20°C).

### 5. Saturation des sites antigéniques et incubation avec l'anticorps primaire

Après la fixation au PFA, une réhydratation au PBS des lames pendant 10 min est indispensable. L'étape de la saturation des sites aspécifiques par une solution de blocage est nécessaire avant l'incubation de l'anticorps primaire. Pour un volume de 5 ml de solution de blocage (saturation des sites antigéniques) il faut mettre :

-100µl NGS (Normal Goat Serum)
-500µl BSA 10% (réduit les interactions hydrophobes)
-25µl triton 20% (perfore la membrane lipidique afin de permettre à l'AC de pouvoir entrer dans la cellule)
-4375 µl PBS 1X

Mettre les lames dans la solution de blocage pendant 1 heure à température ambiante (avant de mettre cette solution il faut enlever l'excès du PBS (avec du papier absorbant) qui peut rester sur les lames et ainsi diluer la solution de blocage).

### 6. Saturation des sites antigéniques et incubation avec l'anticorps primaire

Les sites aspécifiques sont saturés à l'aide de BSA en réduisant au maximum la survenue d'intéractions hydrophobes.

### 7. Incubation avec l'anticorps primaire

Dilution des anticorps primaire dans la solution de blocage pour conserver une saturation de sites non spécifiques) puis centrifuger le tube qui contient la solution afin de faire tomber les complexes immuns au fond du tube.

*Chapitre II : spermatozoïdes avec des anomalies flagellaires*

*METHODES*

Mettre 100µl de l'anticorps primaire dilué par lame et recouvrir la lame par du parafilm pour éviter que la partie qui contient les cellules ne sèche. Laisser les lames toute la nuit à +4°C.

Remarque : Les liaisons non spécifiques peuvent augmenter avec les interactions hydrophobes, les interactions ioniques et électrostatiques.

### 8. Incubation avec l'anticorps secondaire

Enlever le parafilm, puis effectuer 3 lavages au PBS 1X pendant 10 min sous agitation. Diluer l'anticorps secondaire au 1/1000 (GFP (Green Fluorescente Protein) longueur d'onde 488, Rouge : Cyaniene 3 longueur d'onde 546) dans la solution de blocage. Mettre 100µl de l'anticorps secondaire dilué par lame puis couvrir la lame par du parafilm. Laisser incuber pendant une heure à température ambiante à l'abri de la lumière. Après l'incubation, enlever le parafilm puis effectuer 3 lavages au PBS 1X pendant 10 min sous agitation.

### 9. Marquage du noyau

Diluer 1µl de Hoecht 1mg/ml dans 1ml de PBS, puis couvrir la lame avec 100µl de la solution pendant 2 min à température ambiante. Faire un lavage des lames à l'eau de robinet.

### 10. Préparation pour l'observation

Le montage se fait par un milieu Dako (Flurescence Mounting Medium, Agilent Technologies) : déposer la lamelle sur une lame sur laquelle aura été déposé une goutte du milieu de montage Dako. Enlever l'excès de milieu de montage avec un papier absorbant. Sceller les bords avec du vernis à ongles transparent et laisser sécher 3 minutes. Cette procédure donne une préparation semi-permanente. Les cellules sont maintenant prêtes pour l'observation au microscope confocal.

### 11. Préparation des grilles pour une observation en microscopie électronique à transmission des spermatozoïdes du patient P2

*Chapitre II : spermatozoïdes avec des anomalies flagellaires*

*METHODES*

Cette étape d'analyse par microscopie électronique a été effectuée sur la plate-forme de microscopie électronique au sein de l'institut des Neuroscience de Grenoble (consulter **Annexes II** pour les détailles de la technique).

*Chapitre II : Les anomalies flagellaires*

*RESULTATS*

# RESULTATS

## I. Résultats du génotypage par puce ADN des patients étudiés et recherche de régions d'homozygotie

La recherche des zones d'homozygotie a été réalisée grâce au logiciel HomoSNP développé par le groupe informatique de l'IGBMC de Strasbourg. Les régions bleues correspondent aux régions d'homozygotie chez les patients. Ces régions sont susceptibles d'abriter des mutations homozygotes sur un même gène et donc donnant le même phénotype. Cela va nous permettre de localiser des gènes potentiellement responsables du phénotype étudié.

Dans un premier temps, notre attention est retenue par une zone d'homozygotie de 20,8 MB localisée sur le chromosome 3. Cette région est présente chez 9 des 20 patients étudiés (Figure 49).

Par la suite nous avons identifié une 2$^{ème}$ région d'homozygotie localisée au niveau du chromosome 20. Cette région est présente chez un total de 13 des 20 patients étudiés (Figure 50).

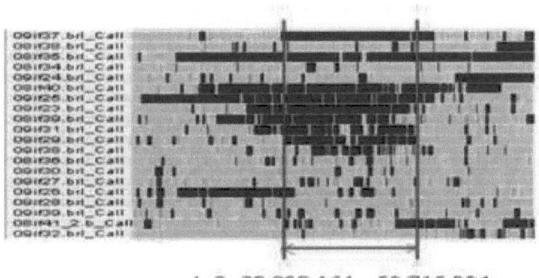

**Figure 49 : Région d'homozygotie sur le chromosome 3 commune à 9/20 patients**

indiquée sur le programme HomoSNP.

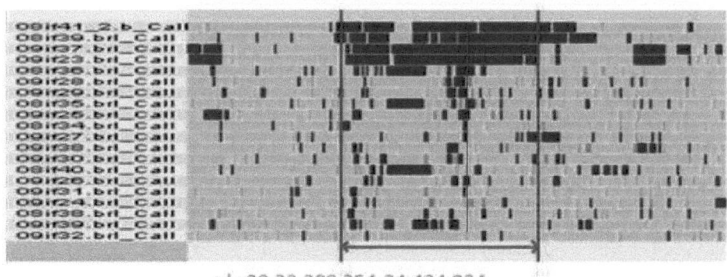

**Figure 50 : Région d'homozygotie sur le chromosome 20 commune à 13 /20 patients indiquée sur le programme HomoSNP.**

Après avoir identifié les régions d'homozygoties grâce au logiciel HomoSNP nous avons pu étudier les gènes répertoriés dans ces deux régions grâce au logiciel USCS Genome Browser *(http://genome.ucsc.edu/)* (figure 51).

La sélection des gènes candidats a été guidée par une appréciation des connaissances biologiques disponibles dans les bases de données publiques et nous avons principalement utilisé le NCBI (http ://www.ncbi.nlm.nih.gov/) et Gene Hubs Gepis *(http://www.cgl.ucsf.edu/Research/genentech/genehub-gepis/index.html)*. L'analyse bioinformatique et l'étude bibliographique des gènes situés dans la région d'homozygotie localisée au niveau du chromosome 3 ont révélé la présence de deux gènes présentant des fonctions et un patron d'expression compatibles avec les anomalies observées chez nos patients. Le 1$^{er}$ gène code pour une kinésine et le 2$^{ème}$ gène code pour une dynéine. Nous avons vu que le transport intraflagellaire repose, entre autre, sur la force motrice générée par des protéines de deux types : les kinésines, pour le transport dit antérograde, et des dynéines, pour le transport rétrograde.

Concernant la région d'homozygotie localisée au niveau du chromosome 20, nous avons sélectionné le gène *SPAG4* comme gène candidat.

*Chapitre II : Les anomalies flagellaires*

RESULTATS

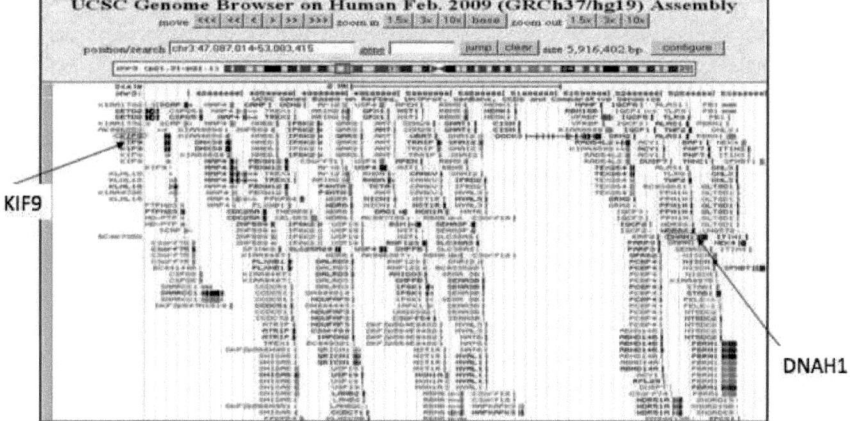

**Figure 51 :** Identification des 2 gènes candidats *KIF9* et *DNAH1* au niveau de la région d'homozygotie localisée sur le chromosome 3 avec USCS Genome Browser.

## A. Le 1$^{er}$ gène candidat : *KIF9*

A cette étape du travail, nous n'avons pas pu observer les ultrastructures des flagelles pour le phénotype étudié et l'aspect observé en microscopie optique ne nous indique pas si le flagelle comporte des anomalies au niveau de l'axonème ou des structures péri-axonémales.

La présence d'un pourcentage assez important de spermatozoïdes qui possède des flagelles à calibre irrégulier chez la totalité de nos patients nous permet de supposer que cet aspect pourrait être dû à une désorganisation au niveau de la structure péri-axonémale d'où le choix du gène *KIF9*.

### 1. Description du gène *KIF9*

Le gène *KIF9* est localisé en 3p21.31, il comporte 25 exons codant pour une kinésine. Les kinésines ont initialement été définies comme des protéines capables de se déplacer vers l'extrémité positive des microtubules en utilisant l'énergie fournie par l'hydrolyse de l'ATP. Nous avons pu voir sur plusieurs bases de données telles que

*Chapitre II : Les anomalies flagellaires*

RESULTATS

GeneHub-GEPIS et TIGER (Tissue-specific Gene Expression and Regulation) que l'expression de ce gène est observée essentiellement au niveau des testicules et par la suite nous avons effectué une recherche bibliographique sur ce gène.

Une étude a été effectuée sur la structure extra-axonémale chez T. Brucei dont l'objectif était de caractériser des protéines de la famille des Kinésines. L'équipe qui a mené cette étude a voulu savoir si la protéine KIF9, qui est localisée dans le flagelle du trypanosome, est impliquée dans son fonctionnement et/ou sa formation. A la suite de l'annulation de l'expression du gène *Kif9*, par interférence à ARN inductible, ils ont pu observer un défaut de mobilité chez le parasite. Par la suite ils ont cherché à savoir si la suppression de cette kinésine altérait la structure flagellaire. Ils ont utilisé un anticorps dirigé contre les deux constituants majeurs du flagelle de T. brucei : l'axonème et les structures extra-axonémales. Ils ont pu démontrer que des défauts d'expression de la kinésine TbKIF9 sont associés à une désorganisation de la fibre paraflagellaire (PFR). Ce travail a permis de conclure que cette kinésine est impliquée dans l'assemblage de la PFR ou bien qu'elle joue un rôle dans l'entretien de la PFR déjà assemblée. Des observations par microscopie électronique à transmission, montrent une absence de la PFR dans 1/3 des coupes. D'une manière générale, dans les zones où la PFR ou des structures assimilées sont présentes, il est très difficile, voire impossible, d'orienter l'axonème par rapport à la PFR, comme cela est possible dans la cellule normale (Demonchy *et al.*, 2009).

2. **Résultats du séquençage du gène *KIF9***

Le gène *KIF9* étant composé de 25 exons, nous avons effectué le séquençage de tous ses exons pour tous les patients qui présentent la région d'homozygotie (9 patients) qui contient ce gène et nous avons identifié la présence de quelques polymorphismes connus, présents à l'état homozygote. Une $2^{ème}$ analyse détaillée de nos séquences nous a mené a identifier chez deux de nos patients la présence d'un variant non décrit localisée dans la partie 3' non codante. Ce variant c. [1050+18InsTACTT] + [1050+18InsTACTT] est une insertion de 5 nucléotides localisée dans la région 3' non-traduite (3'UTR), 18 nucléotides après la fin de l'exon 13 (Figure 52).

*Chapitre II : Les anomalies flagellaires*

RESULTATS

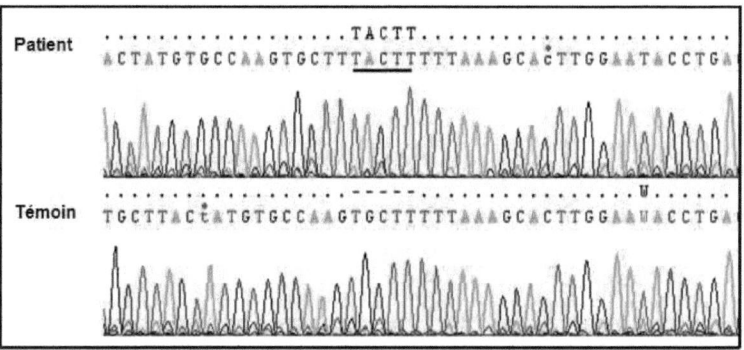

**Figure 52 : Insertion de 5 nucléotides le variant c. [1050+18InsTACTT] + [1050+18InsTACTT] est une insertion de 5 nucléotides chez deux patients**

### 3. Recherche du variant trouvé par HRM (High Resolution Melting)

Nous avons analysé une série de 25 témoins fertiles d'origine nord-africaine afin de voir si le variant précédemment décrit, est présent dans la population témoin ou non. Les résultats indiquent que l'insertion trouvée est présente à l'état homozygote chez 6 des 25 témoins analysés, ce qui indique que ce variant est fréquent dans la population étudiée. Ceci nous a amenés à écarter l'hypothèse que ce variant puisse être impliqué dans le phénotype étudié.

**Conclusion : Au final, nous avons pu séquencer les 25 exons du gène *KIF9* chez les 9 patients sélectionnés qui présentent la région d'homozygotie au niveau du chromosome 3. Nous avons pu identifier une insertion intronique de 5 nucléotides qui s'est avérée être un variant fréquent dans la population maghrébine. L'implication définitive d'un gène candidat dans un phénotype donné se fait par la mise en évidence de mutations délétères chez les sujets malades. Nous n'avons trouvé aucun variant du gène *KIF9* qui pourrait être responsable du phénotype étudié. Ces résultats ne permettent pas d'exclure formellement l'implication de *KIF9* dans la pathologie étudiée, mais ils indiquent qu'il est peu probable que des mutations de ce gène puissent être responsables du phénotype étudié.**

*Chapitre II : Les anomalies flagellaires*

RESULTATS

## B. Le 2ème gène candidat : *SPAG4*

### 1. Description du gène *SPAG4*

Chez le rat, le gène *Spag4* (sperm associated antigen 4) possède une expression spécifique au niveau des testicules. D'après la littérature, la protéine *SPAG4* se lie à une protéine des fibres denses externes (Odf1 pour Outer Dynein Fiber 1) via son motif leucine zipper. Au cours du développement du flagelle du spermatozoïde, cette protéine se localise sur les microtubules de la manchette. *Spag4* participe à la mise en place de la structure du flagelle des spermatozoïdes (Shao *et al.*, 1999). Le profil d'expression trouvé sur la base de données GeneHubs-GEPIS nous confirme la spécificité de l'expression du gène *Spag4* au niveau des testicules chez le rat. Chez l'homme, l'expression de *SPAG4* n'est pas spécifique aux testicules puisqu'il s'exprime aussi dans le pancréas (Kennedy *et al.*, 2004). Mais les tissus dans lesquels on observe cette expression sont en nombre limité.

Le gène *SPAG4* est localisé au niveau du chromosome 20, il fait approximativement 5,2 kb, il contient 12 exons et s'exprime donc dans un nombre limité de tissus notamment au niveau des testicules et pourrait donc jouer un rôle dans la fertilité masculine.

### 2. Résultats du séquençage du gène *SPAG4*

Le séquençage de ce gène chez les 13 patients qui possèdent la région d'homozygotie au niveau du chromosome 20 n'a révélé la présence d'aucun variant qui pourrait être responsable du phénotype étudié ; ce qui nous mène à dire que le gène *SPAG4* n'est pas impliqué dans l'infertilité masculine de nos treize patients séquencés.

## C. Le 3ème gène candidat : *DNAH1*

La 1ère région d'homozygotie identifiée, localisée au niveau du chromosome 3, fait plus de 20 MB. Cette région inclue une zone d'homozygotie qui contient le gène *DNAH1*. Cette zone est présente pour 14 des 20 patients étudiés (figure 53)

*Chapitre II : Les anomalies flagellaires*

RESULTATS

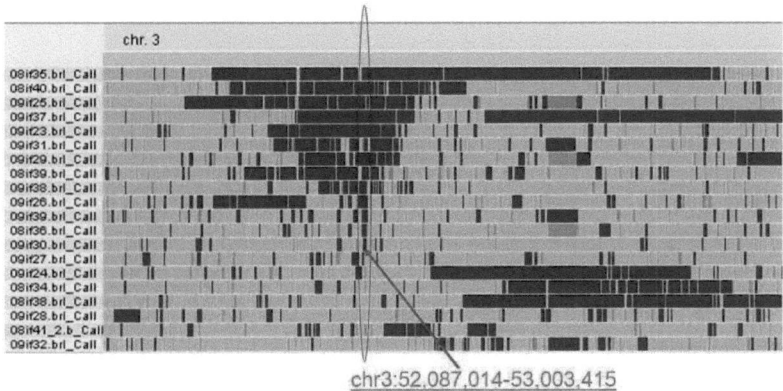

**Figure 53** : Identification de la région d'homozygotie présente sur le chromosome 3 chez 14 des 20 patients avec le programme HomoSNP

### 1. Description du gène *DNAH1*

Le gène *DNAH1* comporte 79 exons et code pour une dynéine à chaine lourde (DHC) de 4330 aa. Les DHCs sont responsables de l'activité motrice des dynéines. Chaque molécule de DHC dispose d'une partie amino-terminale d'environ 160 kDa qui forme la queue de la molécule. Celle-ci est impliquée dans l'homodimérisation de la DHC et dans des interactions avec d'autres sous-unités de la dynéine (Habura *et al.*, 1999 ; Tynan *et al.*, 2000).

La partie carboxy-terminale forme, quant à elle, la tête globulaire motrice d'environ 350 kDa. Elle présente, dans sa région centrale, 4 domaines consensuels AAA « ATPases Associated diverse cellular Activities » contenant chacun un motif « P- loop » (Figure 13).

Le premier domaine AAA (P1) est le plus conservé des quatre. Il apparaît comme le seul permettant l'hydrolyse de l'ATP et, par conséquent, le mouvement (Gibbons and Gibbons, 1987). La relative conservation des 3 autres domaines (P2, P3 et P4) suggère qu'ils sont capables de lier l'ATP et qu'ils sont nécessaires au fonctionnement de la dynéine, mais leur rôle est encore inconnu (Mocz and Gibbons, 1996). Il existe au moins deux autres domaines AAA (P5 et P6), dans la région

*Chapitre II : Les anomalies flagellaires*

*RESULTATS*

carboxy-terminale, contenant chacun un motif « P-loop », mais dont la capacité de lier un nucléotide est incertaine (Figure 13).

Les domaines AAA sont supposés participer activement à la structure de la tête globulaire et un modèle de cette dernière existe. Cette structure prédite apparaît sous forme d'une roue divisée en six secteurs et chacun de ces secteurs est constitué d'un module AAA.

La DHC dispose également, dans son domaine carboxy-terminal, d'un site d'interaction avec les microtubules situés au milieu de deux domaines en hélice α « coiled-coil », entre les 4 premiers modules AAA (P1, P2, P3 et P4) et les 2 derniers (P5 et P6) (Figure 13). Ces deux domaines « coiled-coil » semblent être responsables de la formation de la tige saillante des domaines globulaires. Cette structure est probablement impliquée dans la transmission de la force entre la portion globulaire du domaine moteur et la surface des MTs (King, 2000).

*a. Données bibliographiques sur le gène DNAH1*

En 2001, l'équipe de Neesen et coll. a effectué une étude sur le gène *MDHC7* qui est l'orthologue de *DNAH1* chez la souris (Neesen *et al.*, 2001). *MDHC7* est principalement exprimé dans les tissus testiculaires et somatiques contenant l'épithélium cilié, ce qui implique un rôle dans la motilité ciliaire et flagellaire. Des données d'expression similaires ont été obtenues pour le Dnahc1 l'homologue du *MDHC7* chez le rat. L'expression de la protéine Dnahc1 a également été signalée dans le cœur, la rate, les poumons et les testicules (Vaughan *et al.*, 1996). Les profils d'expression des gènes des différentes dynéines à chaîne lourde indiquent que chez les mammifères ces gènes sont adaptés à des fonctions spécifiques durant le développement embryonnaire ainsi que chez l'adulte. Ces gènes sont responsables du battement ciliaire et flagellaire. *MDHC7* appartient au groupe des dynéines à chaînes lourdes dont la fonction est surtout nécessaire à la motilité ciliaire et flagellaire au cours de la vie postnatale, mais il ne semble pas être impliqué dans la latérisation du corps.

Pour élucider la fonction du gène *MDHC7* chez la souris, une mutation ciblée de ce gène a été générée et qui vise à supprimer le site ATP-binding (P1-loop) (Neesen *et*

*Chapitre II : Les anomalies flagellaires*

*RESULTATS*

*al.*, 2001). Plusieurs études ont indiqué que le P1-loop est le motif qui est responsable de l'hydrolyse d'ATP et que ce domaine est essentiel pour la fonction de la chaîne lourde (Supp *et al.*, 1999 ; Gibbons and Gibbons, 1987). L'inactivation de l'homologue de *DNAH1* chez la souris (*MDHC7*) a été effectuée dans cette étude par la substitution de quatre exons codant pour le site de fixation de l'ATP (P1-loop). Les deux souris *MDHC7* +/- et *MDHC7*-/- sont viables et ne présentent aucune malformation, cependant les mâles homozygotes (-/-) sont infertiles (Neesen *et al.*, 2001). Une comparaison entre les souris *MDHC7* -/- et les souris de type sauvage a révélé une réduction importante de la vitesse du mouvement des spermatozoïdes en ligne droite, ce qui entraîne leur incapacité de se déplacer de l'utérus vers l'oviducte. Ces données nous ont permis de conclure que le gène *DNAH1* est un bon gène candidat pour expliquer les anomalies flagellaires observées chez nos patients. Nous avons donc décidé d'effectuer le séquençage de ce gène chez les 14 patients présentant une région d'homozygotie autour de *DNAH1*.

2. **Résultats du séquençage du gène *DNAH1***

Le séquençage du gène *DNAH1*, nous a permis de retrouver des variations au niveau de ce gène :

- Une mutation faux sens localisée au niveau de l'exon 25 (p.Asp1293Asn).
- Une mutation qui détruit le codon stop et qui entraine la production d'une protéine allongée (mutation Run-on).
- Deux mutations d'épissage : la 1$^{ère}$ est localisée au niveau du site donneur de l'exon 33 et la 2$^{ème}$ est localisée au niveau du site accepteur de l'exon 75.

3. **La mutation faux sens p. [Asp1293Asn].**

Le 1$^{er}$ variant identifié au niveau du gène *DNAH1* est une mutation faux sens, localisée au niveau de l'exon 25 [p.Asp1293Asn]. La mutation a été trouvée à l'état homozygote chez un seul patient (figure 54). Cette mutation transforme l'acide aspartique (un acide aminé acide, a groupement R chargé négativement à pH neutre) en

*Chapitre II : Les anomalies flagellaires*

RESULTATS

asparagine (acide aminés a groupement R polaire).

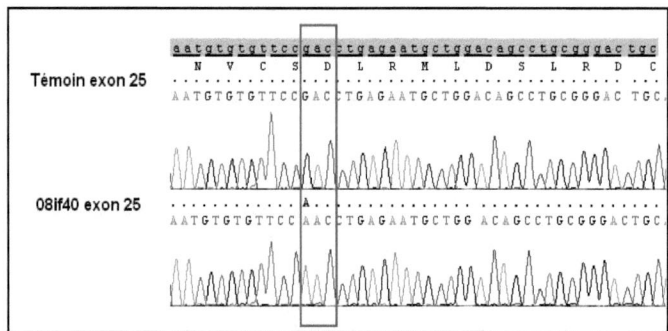

**Figure 54 : Electrophorégramme de l'ADN du patient présentant le variant [p.Asp1293Asn].**

Nous avons par la suite confirmé l'absence de ce variant par la technique d'HRM pour 100 témoins d'origine nord-africaine.

Nous avons cherché des preuves de la pertinence pathogénique de cette variation par l'analyse de la conservation de la séquence protéique. L'alignement de séquences de *DNAH1* humaine avec d'autres orthologues, démontre que l'acide aminé concerné par la mutation est conservé au cours de l'évolution ; ce qui indique que l'acide aminé muté est probablement essentiel pour la fonction de la protéine (figure 55).

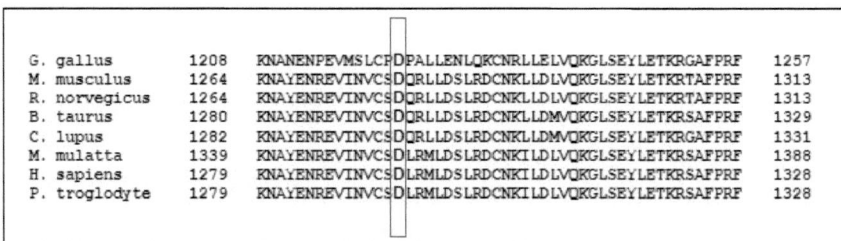

**Figure 55 : Alignement des orthologues de *DNAH1* chez 8 espèces par le programme HomoloGene.** L'acide aminé concerné par la mutation faux-sens [p.D1293N] au niveau de l'exon 25 est encadré en rouge et cette figure illustre la

142

*Chapitre II : Les anomalies flagellaires*

RESULTATS

conservation de cet acide aminé au cours de l'évolution.

Nous avons consulté certaines bases de données telles que NCBI et ensembl et nous nous sommes rendu compte que cette mutation faux sens est décrite comme étant un polymorphisme **rs140883175**. Par ailleurs dans la base de données dbSNP, ce polymorphisme a été recherché dans plusieurs populations y compris la population africaine et pour 1000 individus testés, aucun ne porte le variant [p.D1293N] (figure 56). Il s'agit donc d'un variant extrêmement rare (8 sur 4368 allèles analysés) soit une fréquence d'hétérozygotie de 1/545. Cette faible fréquence ne remet donc pas en question l'implication potentielle de ce variant dans la pathologie étudiée, d'autant plus qu'il s'agit d'une transmission récessive. Nous avons également consulté le logiciel PolyPhen (Polymorphism Phenotyping) afin de prédire l'effet du variant [p.D1293N] sur la fonction de la protéine. Ce logiciel indique que le variant peut être pathogène.

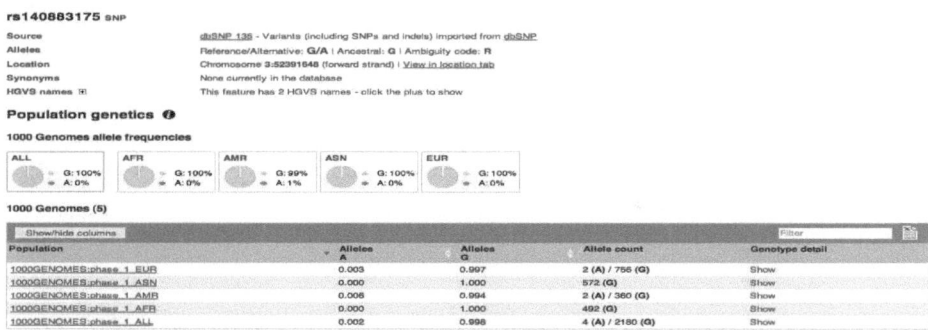

**Figure 56 : Etude du polymorphisme rs 140883175 chez 5 populations**

<u>Conclusion</u> : **Le variant [c.3877G>A] localisé au niveau de l'exon 25 du gène *DNAH1* a été identifié à l'état homozygote chez un patient. Il s'agit d'un variant décrit dans les bases de données SNP. Ce variant est cependant absent chez 1000 individus d'origine africaine et il est extrêmement rare dans les autres populations avec une fréquence d'hétérozygotie de 1/545. Au vu de la conservation inter-espèce du variant et de la divergence des deux acides aminés concernés, nous concluons que ce variant a très probablement un effet pathogène.**

*Chapitre II : Les anomalies flagellaires*

RESULTATS

### 4. La mutation run-on c. [12796T>C]

Nous avons identifié une mutation localisée au niveau du codon stop chez un patient d'origine algérienne. Ce patient présente en plus des anomalies flagellaires (calibre irrégulier, écourté et absent) observées chez tous les autres patients, une concentration diminuée en spermatozoïdes.

La variation identifiée chez ce patient est une transition de thymine en cytosine dans l'exon 79. Cette substitution altère le codon stop et le cadre de lecture est étendu de 21 codons (figure 57). Afin de déterminer si ce variant [c.12796T>C] est spécifiquement associé à l'anomalie flagellaire et afin de déterminer s'il s'agit d'un variant pathogène plutôt que d'un polymorphisme, nous avons effectué le séquençage de l'exon 79 pour 100 témoins d'origine nord-africaine et nous avons pu constater l'absence de ce variant chez tous les témoins. Ce variant n'a pas non plus été décrit dans les bases de données dbSNP et 1000 Genome.

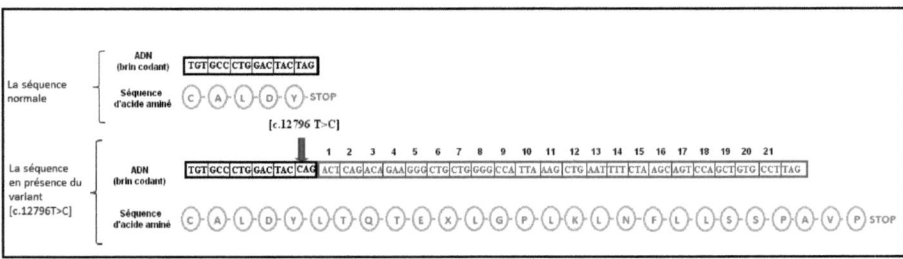

**Figure 57 : Effet de la mutation run-on sur la traduction**

<u>**Conclusion:**</u> **Un changement T/C du codon stop du gène *DNAH1* est mis en évidence à l'état homozygote chez un patient qui présente des anomalies flagellaires. Ce variant entraine l'ajout de 21 acides aminés supplémentaires qui vont très probablement perturber la fonction protéique. Par ailleurs ce variant n'a pas été retrouvé dans les bases dbSNP et 1000Genome ni chez 100 témoins d'origine nord-africaine, nous concluons donc que ce variant a très probablement un effet pathogène.**

*Chapitre II : Les anomalies flagellaires*

*RESULTATS*

### 5. La mutation d'épissage [c.5094+1G>A]

Le variant [c.5094+1G>A] est une mutation d'épissage localisée au niveau du site donneur de l'exon 33. Cette variation transforme un GC en un AC [c.5094+1G>A] (figure 58). Nous avons identifié ce variant chez un seul patient d'origine algérienne.

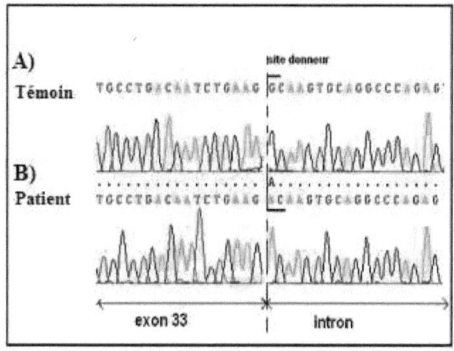

**Figure 58 :** Electrophorégramme de l'ADN du patient présentant le variant [c.5094+1G>A] (jonction exon 33-intron 33 du gène *DNAH1*). A) Séquence normale. B) Mutation présente à l'état homozygote.

Différents algorithmes, aujourd'hui disponibles sur Internet, ont été créés par plusieurs groupes, qui se basent sur des séquences consensus qui sont présentes de part et d'autres des sites d'épissage, et permettent d'identifier les potentiels des sites d'épissage dans une séquence donnée. Parmi eux, on peut citer « *Splice Site Prediction* », « *MaxEntScan* », « *GeneSplicer* » et « *Splice Site Finder* ». On note que les sites donneurs et accepteurs sont dans plus de 99% des cas des : « **GT-AG** ». Très rarement, comme c'est le cas ici pour le site donneur de l'exon 33, on trouve des variants mineurs « **GC-AG** » qui représentent 0,5% des sites donneurs annotés (Burset *et al.*, 2001). Ceux-ci sont reconnus par les mêmes facteurs d'épissage que les sites d'épissage classiques.

Pour notre séquence, la plupart des algorithmes testés ne reconnaissent pas le

*Chapitre II : Les anomalies flagellaires*

RESULTATS

variant GC comme étant un site donneur d'épissage. Il n'y a que le site de prédiction Splice Site Finder qui reconnait ce site à 98% comme étant le site donneur de la jonction exon-intron (Figure 59).

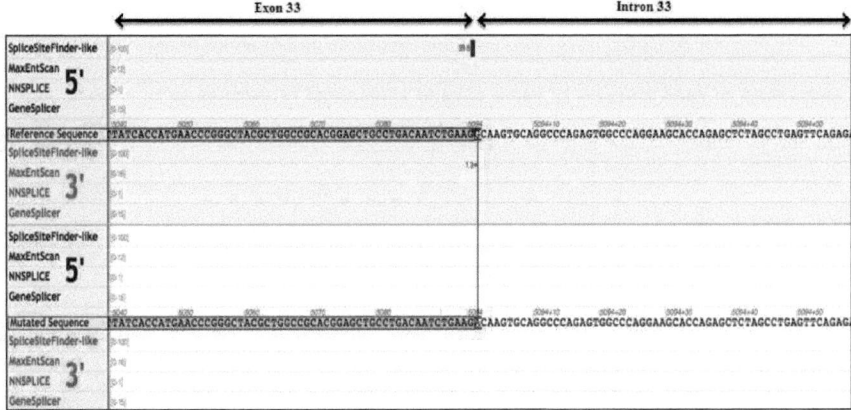

**Figure 59 : Analyse in silico de l'effet du variant [c.5094+1G>A] sur l'épissage**

En présence du variant [c.5094+1G>A], la machinerie d'épissage ne va pas reconnaitre le dinucléotide AC comme étant un site d'épissage et le site accepteur qui va être reconnu est le site accepteur suivant qui est localisé au niveau de la jonction Exon34-Intron34. Dans ce cas l'ARNm du patient porteur de ce variant contiendra en plus de tous les exons du gène DNAH1 l'intron 33 (Figure 60). L'intron 33 sera pris en compte dans le cadre de lecture et code pour un codon stop au niveau du 74$^{ème}$ codon inséré (Figure 61). L'apparition d'un codon stop prématuré dans la séquence d'ADN aura pour conséquence un arrêt de la traduction avec formation d'une protéine tronquée. Toutefois, la plupart des ARNm porteurs de codons stops prématurés ne sont pas traduits en protéine car ils sont dégradés prématurément par un ensemble de protéines constituant le mécanisme du NMD (non sens-mediated mRNA decay) (figure 61). Ce processus de contrôle qualité reconnaît les messages imparfaits et accélère leur dégradation, afin de protéger les cellules contre d'éventuels effets délétères de protéine tronquée via un effet de dominance négative.

*Chapitre II : Les anomalies flagellaires*

*RESULTATS*

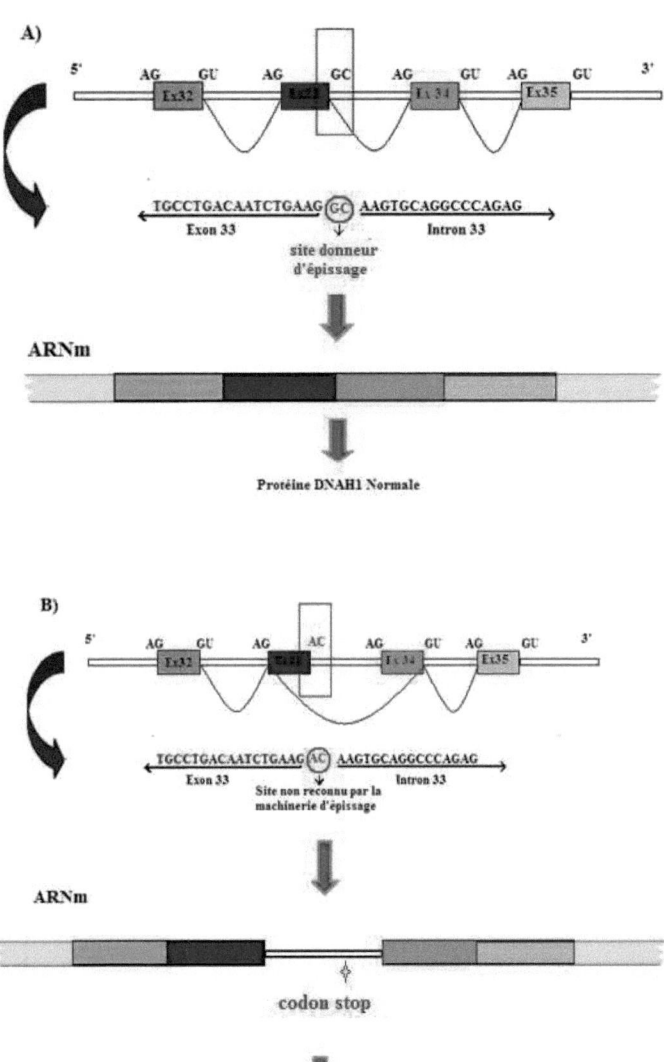

**Figure 60 : Mécanisme d'épissage normal (A) et avec la présence du variant**

*Chapitre II : Les anomalies flagellaires*

RESULTATS

**[c.5094+1G>A] (B)**

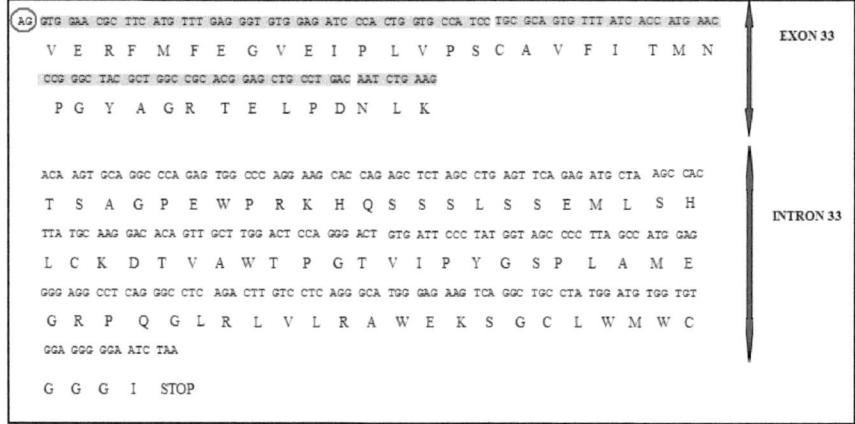

**Figure 61 : La conséquence de la présence du variant [c.5094+1G>A] sur la traduction**

<u>Conclusion</u> : Un changement G/A du site accepteur situé en amont de l'exon 33 du gène DNAH1 [c.5094+1G>A] a été identifié à l'état homozygote chez un patient qui présente des anomalies flagellaires. Ce variant n'a pas été retrouvé dans les bases dbSNP et 1000Genome ni chez 100 témoins d'origine nord-africaine. Dans la mesure où ce variant entraine la production d'une protéine tronquée, ou l'absence de protéine nous concluons que ce variant a un effet pathogène.

6. **La mutation d'épissage [c.11788-1G>A]**

Le variant [c.11788-1G>A] est localisé au niveau du site accepteur de l'exon 75. Cette mutation a été identifiée chez 3 frères d'origine tunisienne (dont 1 qui ne fait pas partie de notre cohorte initiale) ainsi que chez un autre patient. Cette mutation transforme le site accepteur AG en un AA (figure 62).

148

*Chapitre II : Les anomalies flagellaires*

RESULTATS

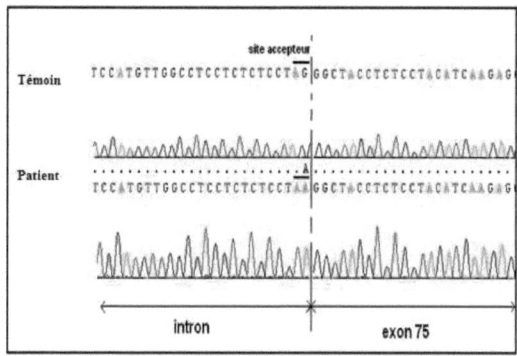

**Figure 62 : Mutation d'épissage [c.11788-1G>A] localisée au niveau du site accepteur de l'exon 75**

La mutation affecte le $2^{\text{ème}}$ nucléotide du site accepteur d'épissage qui précède l'exon 75 et cette mutation est susceptible de perturber le site d'épissage 3' de l'intron 74. L'interrogation de trois sites différents de prédiction d'atteinte de sites d'épissage (SpliceSiteFinder-Like ; NNSPLICE ; Human Splicing Finder) (Tableau 14) indique que la machinerie d'épissage reconnaît les sites consensuels qui sont situés de part et d'autre du site d'épissage. La séquence mutée crée un nouveau dinucléotide GC décalé de un nucléotide qui peut donc aussi être reconnu comme un nouveau site accepteur d'épissage (Tableau 14). Ceci provoque un décalage de cadre de lecture et l'apparition d'un codon stop prématuré (Figure 63).

**Tableau 14 : Trois sites de prédiction de l'effet de la mutation [c.11788-1G>A] sur l'épissage**

| Site de prédiction | Type sauvage | Type mutant [c.11788-1G>A] |
|---|---|---|
| SpliceSiteFinder | 81,1% | 77,8% |
| NNSPLICE | 100% | 80% |
| Human Splicing Finder | 85,3% | 85,8% |

149

*Chapitre II : Les anomalies flagellaires*

RESULTATS

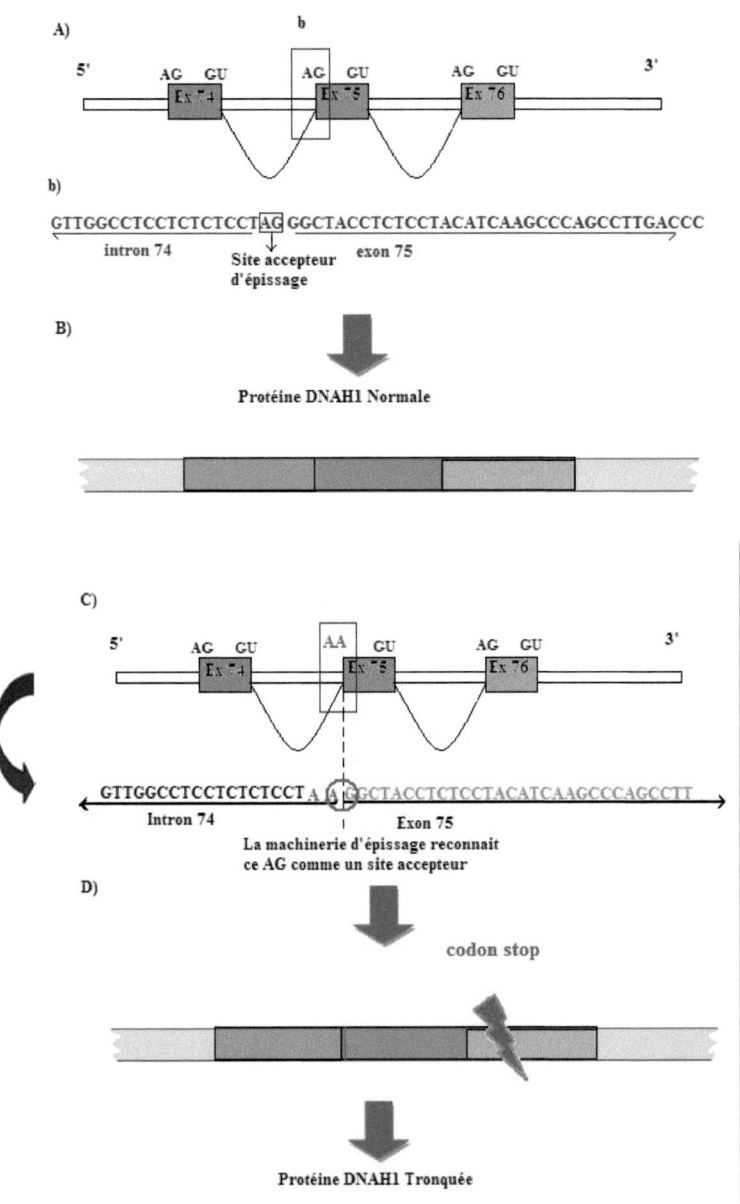

**Figure 63: Mécanisme de l'épissage.** En A) mécanisme de l'épissage normal. En B)

150

*Chapitre II : Les anomalies flagellaires*

RESULTATS

perturbation supposée de l'épissage : la machinerie de l'épissage reconnait le dinucléotide AG comme étant le site accepteur d'épissage (le nucléotide A fait partie du site d'épissage et le nucléotide G fait partie de l'exon 75).

### a. Etude de la fréquence de la variant [c.11788-1G>A] par HRM

Afin d'étudier la fréquence de cette variations trouvées, nous avons eu recours à la technique HRM (Hight Resolution Melting). Le variant [c.11958-1G>A] trouvés chez nos patients, est absent chez 100 Témoins de la population maghrébine.

### b. Analyse du transcrit du variant [c.11788-1G>A]

Afin de vérifier les prédiction des logiciels in silico sur l'effet de la mutation, nous avons réalisé une extraction d'ARN sur les leucocytes d'un des frères porteur du variant [c.11788-1G>A] à l'état homozygote suivi d'une RT-PCR. Nous avons testé trois couples d'amorces qui amplifient l'ADNc. Il s'est avéré que cette mutation entraîne un décalage du cadre de lecture et l'apparition d'un codon stop prématurée. Au niveau de la figure 59, nous observons l'absence de l'ARNm du gène *DNAH1* chez ce patient démontrant la dégradation de ce dernier par le mécanisme de NMD (nonsense-Mediated mRNA decay).

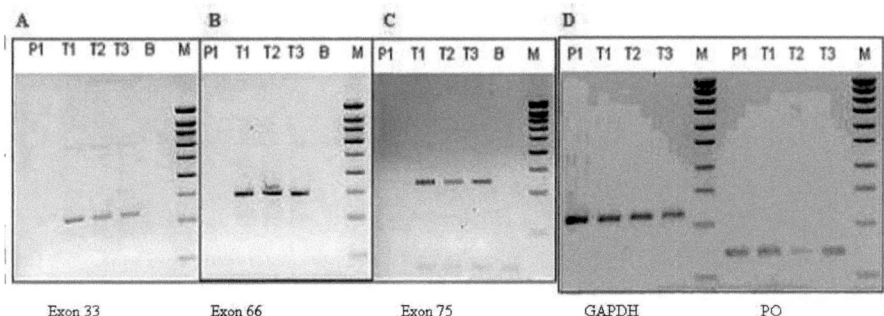

**Figure 64 : Electrophorèse sur gel d'agarose de l'amplification du cDNA.** A, B, C : Les couples d'amorces utilisés amplifient respectivement l'exon 33, 66 et 75. D : Les deux couples d'amorces contrôles utilisés amplifient 2 exons de 2 gènes de références

*Chapitre II : Les anomalies flagellaires*

*RESULTATS*

(GAPDH et RPL0 : ribosomal protein large P0). P1 : Patient qui présente le variant [c.11788-1G>A]. T1, T2, T3 : Témoins fertiles de la population maghrébine.

Suite à ces résultats nous avons commandé un anti-corps anti-DNAH1 commercialisé par SIGMA-ALDRICH (Annexe II). Le but de cette analyse est d'effectuer un marquage à l'anticorps anti-DNAH1 afin de valider les résultats de la RT-PCR. Cette analyse a permis de confirmer que les flagelles des spermatozoïdes d'un patient porteur du variant [c.11958-1G>A] n'exprimaient pas la protéine DNAH1. Le détail de cette analyse est présenté dans la section suivante.

**Conclusion :**
**Le variant [c.11788-1G>A] a été identifié chez 3 frères présentant des anomalies flagellaires ainsi que chez un autre patient. Ce variant n'a pas été retrouvé dans les bases dbSNP et 1000 genome ni chez 100 témoins d'origine nord-africaine. La corrélation observée entre le génotype [c.11788-1G>A] et le phénotype étudié ainsi que l'absence d'ARN et de protéine observée chez un patient permettent de confirmer la pathogénicité de cette mutation.**

7. **Conclusion générale sur le résultat du séquençage du gène *DNAH1* chez tous les patients avec des anomalies flagellaires :**

    Le séquençage du gène *DNAH1*, nous a permis de retrouver :

    - Une mutation faux sens [c.3877G>A], localisée au niveau de l'exon 25. Cette mutation est retrouvée chez un seul patient et elle touche un acide aminé conservé.
    - Une mutation Run-on [c.12796 T>C] retrouvée chez un patient
    - Deux mutations d'épissage, la 1$^{ère}$ est retrouvée chez un patient celle-ci mutation est localisée au niveau du site donneur de l'exon 33 du gène *DNAH1* [c.5094+1G>A] et la 2$^{ème}$ mutation est retrouvée chez 3 frères et un autre patient, cette dernière est localisée dans le site accepteur de l'exon 75 [c.11788-1G>A] du gène *DNAH1* (figure 65).

*Chapitre II : Les anomalies flagellaires*

RESULTATS

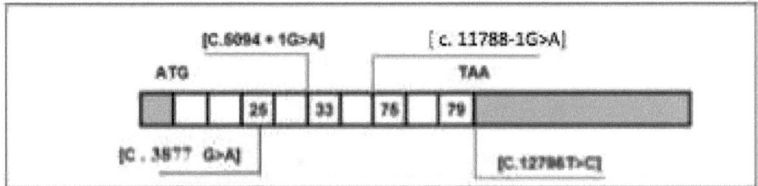

**Figure 65**: Localisation de toutes les mutations identifiées au niveau du gène *DNAH1* chez les patients étudiés.

Le phénotype observé chez nos patients consiste en une désorganisation de l'axonème et de la gaine fibreuse associée à une absence de bras de dynéine. Ce phénotype a déjà été décrit auparavant chez des patients ayant une dyskinésie ciliaire primitive à laquelle est associée une infertilité. Un questionnaire clinique (**Annexe II**) a été préparé afin de déterminer si ces patients présentent en plus de leur infertilité des symptômes retrouvés dans d'autres ciliopathies. Aucun des patients interrogés n'a déclaré avoir aucun des symptomes décrits dans le questionnaire. Cependant nous n'avons pu récupérer ces informations que pour la moitié des patients analysés.

## II. Résultats du marquage des spermatozoïdes du patient P2 à l'anticorps anti-DNAH1

Suite aux résultats précédemment décrits, nous avons commandé un anti-corps anti-DNAH1 commercialisé par SIGMA-ALDRICH (**Annexe II**). Le but de cette analyse est d'effectuer un marquage à l'anticorps anti-DNAH1 afin de valider les résultats de la RT-PCR, c'est à dire valider l'absence de la protéine *DNAH1* chez un des patients porteurs de la mutation d'épissage localisée au niveau de l'exon 75.

Afin de connaitre la distribution de la protéine au niveau du flagelle du spermatozoïde nous avons effectué un marquage de la protéine *DNAH1* par un anticorps spécifique de cette protéine et nous avons observé les spermatozoïdes en microscopie

153

*Chapitre II : Les anomalies flagellaires*

RESULTATS

confocale.

Pour les spermatozoïdes témoins d'un sujet fertile, nous remarquons une distribution homogène et continue de la protéine DNAH1 le long du flagelle depuis le début de la pièce intermédiaire jusqu'à la pièce terminale du flagelle (Figure 67).

**Figure 66 : L'immunomarquage des spermatozoïdes de témoin fertile avec l'anticorps anti-DNAH1.** Le marquage en vert le long du flagelle indique la présence de la protéine DNAH1 le long du flagelle. L'ADN des spermatozoïdes a été marqué à l'aide DAPI (bleu).

Ces résultats de marquage sont parfaitement concordants avec les résultats trouvés dans l'étude effectuée par l'équipe de Neesen et coll. (Neesen *et al.*, 2001). Nous avons par la suite effectué un marquage avec ce même anticorps sur des spermatozoïdes du patient (**P2**) qui présente le variant **[c.11788-1G>A]** ainsi que sur des spermatozoïdes d'un autre patient (**P5**) faisant parti de notre cohorte initiale chez qui nous n'avions pas trouvé de mutation dans le gène *DNAH1*. L'absence de marquage au niveau des spermatozoïdes de ce patient serait une indication forte d'un échec du diagnostic génétique (Figure 67).

L'absence de marquage au niveau des spermatozoïdes du patient **P2** confirme les analyses effectuées sur le transcrit porteur du variant **[c.11788-1G>A]**. Elles montraient une absence d'ARNm suite à la dégradation de ce dernier par le mécanisme

154

*Chapitre II : Les anomalies flagellaires*

RESULTATS

de NMD (Figure 68). On observe un bon marquage sur les flagelles du patient P3 confirmant que son atteinte spermatique est probablement causée par l'altération d'un gène autre que *DNAH1* (figure 69)

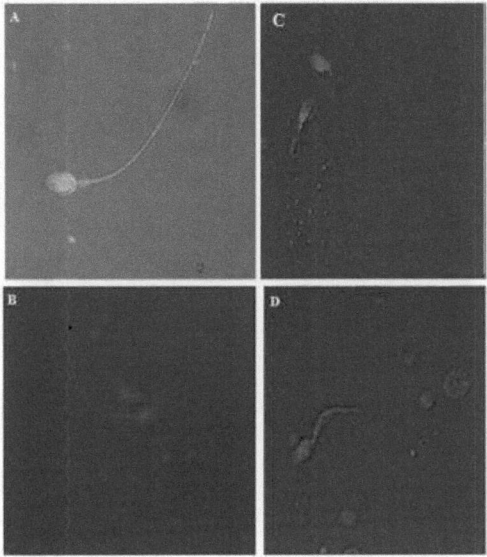

**Figure 67 : Immunomarquage des spermatozoïdes avec l'anticorps anti-DNAH1.** (**A** ; **B**) Spermatozoïdes de témoin (**A**) marquage avec anticorps I+II (**B**) marquage seulement avec anticorps II. (**C** ; **D**) Spermatozoïdes du patient P1. (**C**) marquage avec anticorps I+II (**D**) marquage seulement avec anticorps II.

*Chapitre II : Les anomalies flagellaires*

RESULTATS

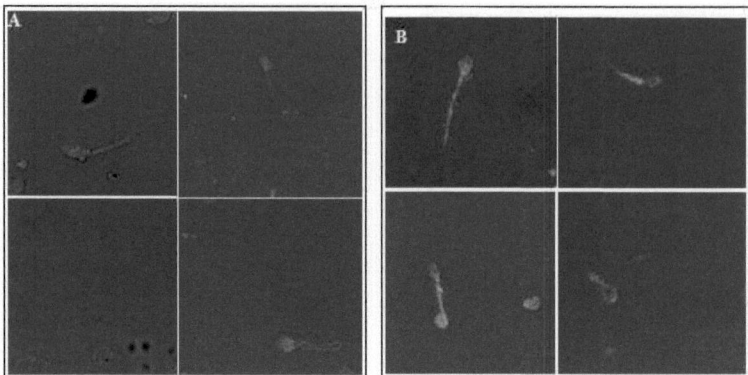

**Figure 68 : L'immunomarquage des spermatozoïdes avec l'anticorps anti-DNAH1.**
**A)** Spermatozoïdes du Patient P2 : absence de la protéine DNAH1 au niveau du flagelle de ce patient. **B)** Spermatozoïdes du Patient **P5** : présence de la protéine DNAH1 au niveau du flagelle de ce patient.

D'après la littérature, la production de spermatozoïdes n'est pas affectée chez les souris invalidées pour l'homologue du gène *DNAH1*. Une quantité normale de spermatozoïdes a été retrouvée, mais les spermatozoïdes étaient ou immobiles ou présentaient une mobilité fortement diminuée par rapport aux spermatozoïdes issus de souris sauvages ou hétérozygotes (Neesen *et al.*, 2001).

Dans notre étude, les patients qui présentent une mutation au niveau du gène *DNAH1* possèdent un volume de sperme ainsi qu'une concentration en spermatozoïdes diminuée par rapport aux normes (OMS 99). Ces spermatozoïdes montrent aussi une réduction de la mobilité et de la vitalité par rapport à ces mêmes normes (tableau 15).

**Tableau 15 :** Caractéristique du spermogramme des patients présentant la mutation [c.11788-1G>A]

| Patients<br>Caractéristique<br>du spermogramme | P1 | P2 | P4 | Norme<br>(OMS 99) |
|---|---|---|---|---|
| | | | | |

156

*Chapitre II : Les anomalies flagellaires*

RESULTATS

| Le volume du sperme (ml) | 2 | 5 | 2.5 | =2 ml |
|---|---|---|---|---|
| Nb de spz x 10⁶ per ml | 2.8 | 45 | 31 | =20 000 000/ml |
| Mobilité A+B, 1 h (%) | 2 | 0 | 0 | =25% |
| Vitalité (%) | | ND 22 | ND | = 50% |

Les patient **P1-P4** sont les patients porteurs de la mutation [c.11788-1G>A] localisée au niveau du site d'épissage de l'exon 75. Les patient **P1**, **P2** et **P3** sont 3 frères dont les parents sont apparentés (1$^{er}$ degré). Ces 3 frères présentent le même phénotype, à savoir, une asthénospermie sévère associée à une teratospermie qui touche essentiellement le flagelle. L'exploration par spermogramme pour les 2 frères **P1** et **P2** ainsi que pour le patient **P4** indique une asthénospermie sévère présente chez ces 3 patients et est indiquée dans le tableau 11. Pour le patient **P3** seulement 8 spermatozoïdes immobiles dont le flagelle est ou bien absent ou bien écourté ont été observés après centrifugation.

Comme pour les autres patients, des anomalies ultrastructurales des spermatozoïdes peuvent être observées en microscopie optique. Certaines anomalies ultrastructurales des spermatozoïdes sont constantes, d'autres sont plus variables. L'étude ultrastructurale a retrouvé des aspects variables de la tête, de la pièce intermédiaire et de la pièce principale des spermatozoïdes. Ces aspects ont été explorés grâce à l'analyse préalable par spermocytogramme (Tableau 16).

**Tableau 16 :** Caractéristique du spermocytogramme des patients présentant la mutation [c.11788-1G>A].

| Les anomalies présentes chez 100 spermatozoïdes observés \ Patients | P1 | P2 | P4 |
|---|---|---|---|

*Chapitre II : Les anomalies flagellaires*

RESULTATS

| Anomalies de la pièce intermédiaire | | | |
|---|---|---|---|
| Reste cytoplasmique | 20 | 10 | 20 |
| Angulation | 2 | 4 | 4 |
| **Anomalies de la tête** | | | |
| Allongée | 12 | 16 | 20 |
| Amincie | 2 | 28 | 2 |
| Acosome absent ou malformé (%) | 44 | 84 | 78 |
| **Anomalies du flagelle** | | | |
| Absent | 34 | 34 | 30 |
| Écourté | 44 | 38 | 22 |
| Calibre irrégulier | 50 | 48 | 16 |
| Enroulé | 14 | 14 | 32 |
| Indice d'anomalie Multiple | 2.36 | 3.1 | 2.46 |

## III. Résultats de l'observation en microscopie électronique des spermatozoïdes du patient P1

Une analyse en microscopie électronique des spermatozoïdes du patient P1 a également été réalisée afin de déterminer si la diminution de la motilité flagellaire chez ce patient, qui présente un variant délétère au sein du gène *DNAH1*, est en corrélation avec des défauts structurels de l'axonème. Notre patient étant tunisien nous avons dû travailler à partir de sperme congelé. Malgré la présence du cryoprotectant l'ultra structure des spermatozoïdes est souvent altérée lors de la décongélation.

Nous avons pu observer les défauts de l'ultrastructure des spermatozoïdes de notre patient grâce à l'étude morphologique en microscopie électronique à transmission. Les anomalies ultrastructurales des spermatozoïdes chez le patient P1 consistent souvent en une désorganisation au niveau de la pièce intermédiaire qui comporte des amas de mitochondrie parfois sans véritable axonème comme le montre les figure 70 A et 72.

*Chapitre II : Les anomalies flagellaires*

*RESULTATS*

Cette partie comporte souvent des résidus cytoplasmiques mêlés parfois à des restes d'organites cellulaires. Quant à la pièce principale, elle présente des aspects variables. En effet, elle est tantôt régulière et de structure normale tantôt fortement altérée avec notamment un aspect partiellement ou totalement enroulé tel que observé dans les figures 70 B et 71.

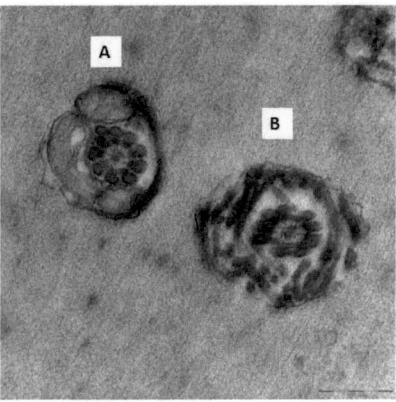

**Figure 69 :** **A)** Coupe transversale au niveau de la pièce intermédiaire, absence de mitochondries du coté droit de la coupe en plus de la présence d'une fibre dense surnuméraire. **B)** Coupe transversale au niveau de la pièce principale d'un spermatozoïde qui possède un flagelle enroulé.

*Chapitre II : Les anomalies flagellaires*

RESULTATS

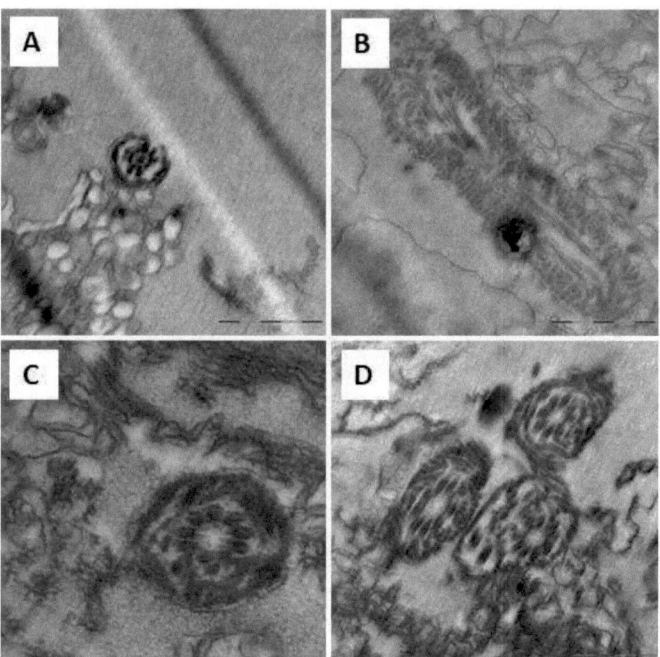

**Figure 70 : Les spermatozoïdes du patient P1 déficients en *DNAH1* montrant des défauts multiples dans la structure du flagelle. A)** On observe une désorganisation au niveau des fibres denses liée à l'absence de 2 fibres denses au niveau de la pièce principale du flagelle **B)** Une coupe longitudinale de la pièce principale du flagelle montrant une désorganisation totale de la structure axonémale et de la structure péri-axonémale. **C)** une coupe transversale de la pièce principale du flagelle montre une désorganisation au niveau de la gaine fibreuse ainsi que l'absence du doublet central de microtubules. **D)** Coupe transversale de 3 spermatozoïdes au niveau de la pièce principale. Les trois spermatozoïdes montrent une absence du doublet de microtubules centraux ainsi qu'une désorganisation complète de la gaine fibreuse (un des spermatozoïdes présente un flagelle enroulé).

*Chapitre II : Les anomalies flagellaires*

RESULTATS

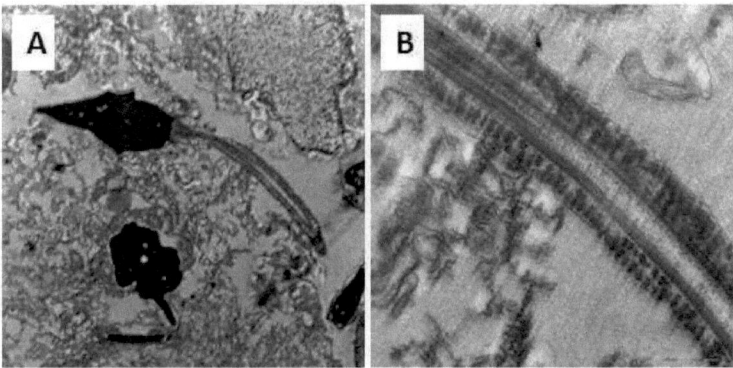

**Figure 71 : Coupe d'un spermatozoïde à flagelle écourté et de calibre irrégulier** (A ; B) La même coupe à un fort grossissement montre une désorganisation de la gaine fibreuse qui est la cause du calibre irrégulier du flagelle.

Nous avons pu effectuer une estimation très approximative des défauts qui sont présents au niveau de l'ultrastructure axonémale des flagelles de 40 spermatozoïdes de notre patient P1

Nous avons constaté l'absence de bras de dynéine internes dans la plupart des coupes observées (4-5/40 doublets ; figure 73 C), nous avons aussi observé une absence de certains bras de dynéine externes (15/40). Nous avons également observé la présence de doublets malformés (microtubules mal définis ou absence d'un microtubule) : 3/9 doublets par axonème (figure 73 B).

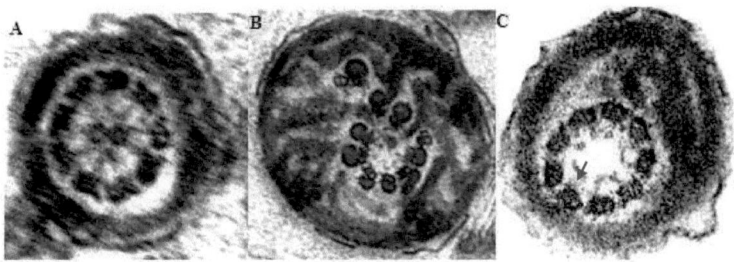

**Figure 72 : Défauts ultrastructuraux observés sur des coupes d'axonèmes du**

161

*Chapitre II : Les anomalies flagellaires*

RESULTATS

**patient P1 A)** Coupe au niveau d'un axonème normale. **B)** Flèche indiquant une transposition de deux doublets périphériques. **C)** Coupe au niveau de la pièce terminale d'un flagelle enroulé qui présente une absence de la paire centrale de microtubules ainsi que l'absence de bras de dynéine interne (indiqué par une flèche).

Les résultats de l'étude ultrastructurale des spermatozoïdes de notre patient s'accordent avec ceux rapportés dans la littérature pour les souris KO ou plusieurs anomalies touchant les différentes parties des spermatozoïdes ont été rapportées (Vernon *et al.*, 2005).

L'examen en microscopie électronique montre que l'aspect des flagelles des spermatozoïdes du patient P1 est en rapport avec une désorganisation au niveau de la gaine fibreuse. Nous avons observé à plusieurs reprises aux niveaux des coupes analysées par MET (Microscopie Électronique à Transmission) une désorganisation de la gaine fibreuse accompagnée de l'absence du doublet des microtubules centrales. Ces anomalies structurales sont probablement à l'origine du calibre irrégulier observé sur une majorité des flagelles des spermatozoïdes de ce patient (Figures 71, 72 et 73).

# DISCUSSION

Nous avons mené notre étude sur une cohorte de patients qui présentent des altérations du flagelle qui touchent la totalité ou presque des spermatozoïdes. Ainsi on peut parler de phénotype homogène ou monomorphe. Les éléments structuraux responsables du mouvement du spermatozoïde résident dans le flagelle. Une morphologie flagellaire anormale des spermatozoïdes au spermocytogramme, comme un flagelle de calibre irrégulier ou écourté ne nous indique pas quelle structure axonémale ou péri-axonémale est responsable de cette pathologie. La découverte d'anomalies flagellaires familiales a permis de suspecter une origine génétique à cette infertilité et la consanguinité dans beaucoup de nos familles suggère une transmission autosomique récessive.

L'asthénospermie est une cause fréquente d'infertilité masculine, caractérisée par une mobilité réduite ou par une absence complète de mobilité. Elle peut exister en tant que trouble isolé ou en combinaison avec d'autres anomalies. Nous avons effectué notre étude sur une cohorte de patients qui présentent une asthénospermie associée à des anomalies morphologiques des flagelles.

### Les mutations du gène *DNAH1*

Nous avons identifié grâce au séquençage direct du gène *DNAH1* quatre mutations homozygotes chez 5 cas index (7 patients). Ces mutations sont vraisemblablement la cause de l'infertilité chez ces patients.

Nous n'avons pu effectuer des analyses supplémentaires que pour la mutation [c.11788-1G>A] qui a été retrouvée chez trois frères et chez un autre patient non-apparenté à ces trois frères. Les analyses réalisées ont démontré que la mutation est située au niveau du site accepteur de l'exon 75 et qu'elle perturbe l'épissage et provoque un décalage de cadre de lecture. Ceci aboutit à la synthèse d'un ARNm qui présente un codon stop prématuré. Cet ARNm est dégradé par le mécanisme NMD. Nous avons pu effectuer cette conclusion suite à l'analyse de l'ARNm du gène *DNAH1*

*Chapitre II : spermatozoïdes avec des anomalies flagellaires*

*DISCUSSION*

extrait à partir des leucocytes du patient P1 porteur de ce variant à l'état homozygote. En outre nous avons effectué un immunomarquage des spermatozoïdes de ce même patient avec un anticorps dirigé contre *DNAH1*. Cette expérience a permis de confirmer l'absence de la protéine DNAH1 sur les flagelles de ce patient alors qu'elle est présente sur toute la longueur du flagelle des spermatozoïdes témoins.

Les mutations identifiées dans le gène *DNAH1* sont les premières mutations décrites au niveau d'une dynéine à chaîne lourde qui fait partie du complexe de dynéine des bras internes. Nous avons identifié 6 patients porteurs d'un variant homozygote du gène *DNAH1* jugé comme délétère, ce qui représente plus du quart de la cohorte étudiée au départ (30%).

**Le phénotype chez nos patients et le gène *DNAH1***

Jusqu'à ce jour, seuls quelques gènes, intervenant au niveau de la structure des cils / flagelles tels que le gène *TAT1* (Touré *et al.*, 2007 ont été associés à l'asthénospermie isolée chez l'homme. Toutes les dynéines qui ont été identifiées comme étant impliquées dans un défaut ciliaire se sont avérées être impliquées dans un phénotype de DCP chez l'homme (Olbrich *et al.*, 2002 ; Bartoloni *et al.*, 2002 ; Pennarun *et al.*, 1999 ; Loges *et al.*, 2008 ; Mazor *et al.*, 2011). Dans l'espèce humaine, *DNAH1* est exprimé au niveau de plusieurs tissus notamment au niveau des tissus qui contiennent des cils mais plus particulièrement au niveau des testicules. Cette étude confirme que *DNAH1* joue un rôle crucial dans la structure du flagelle.

**DNAH1 et interaction avec d'autres protéines**

A l'aide du logiciel Ingenuity Pathway Analysis (http://www.ingenuity.com/index.html), nous avons pu identifier toutes les protéines qui interagissent avec *DNAH1*. Nous avons identifié au total 31 protéines dont 17 dynéines (figure 74). Certaines de ces protéines peuvent également être de bons gènes candidats pour expliquer les anomalies flagellaires observées chez les patients pour lesquels nous n'avons pas identifié de mutations *DNAH1*. C'est le cas de *DNALI1* qui a été décrit comme étant impliqué dans des défauts de l'ultrastructure des bras de dyneine interne au niveau du gène P28, l'orthologue de *DNALI1* chez Chlamydomonas reinhardtii. Les

*Chapitre II : spermatozoïdes avec des anomalies flagellaires*

DISCUSSION

gènes *DNAI1* et *DNAI2* codent pour deux dynéines à chaîne intermédiaire, alors que *DNAL1* code pour une dynéine à chaîne légère. Dans la littérature, des défauts au niveau de ces gènes sont la cause de dyskinésie ciliare primitive (Guichard *et al.*, 2001 ; Loges *et al.*, 2008 ; Mazor *et al.*, 2011). Les régions d'homozygoties communes à plusieurs patients identifiées grâce au logiciel HomoSNP ne contiennent aucun des gènes précédemment cités.

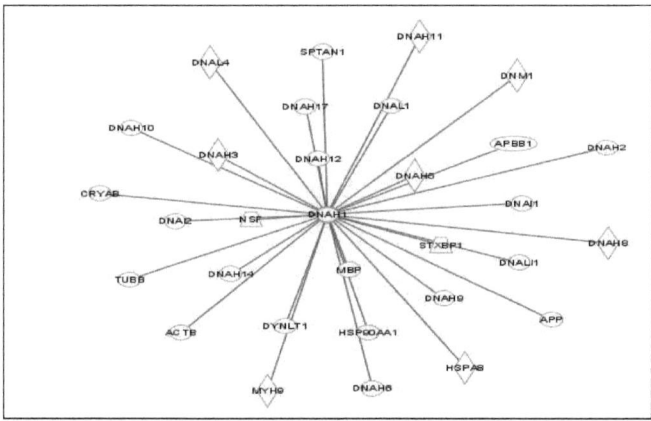

**Figure 73: Les protéines qui interagissent avec DNAH1 selon le logiciel Ingenuity pathway analysis.**

*Chapitre II : spermatozoïdes avec des anomalies flagellaires*

DISCUSSION

**Microscopie électronique**

L'analyse conventionnelle du sperme (spermogramme) est l'examen de base qui permet d'évaluer la qualité du sperme et le potentiel de fertilité de l'homme. Cette étude est limitée à l'analyse de la taille et de la forme des spermatozoïdes au grossissement x 500 au maximum, et il y a des situations rares ou ce grossissement est insuffisant. La plupart des structures du spermatozoïde ne peuvent être observées à cette échelle. La microscopie électronique permet d'étudier des coupes de spermatozoïde à un grossissement important (x100 000), et cette analyse est facilitée par le fait que les différentes structures spermatiques ont une forme et un emplacement défini.

Mais cet avantage est contrebalancé par le fait que les structures sont solidaires les unes des autres. En conséquence, une anomalie de constitution d'une structure, entraine, le plus souvent, des anomalies de forme ou de maintien des constituants qui lui sont associés. Cette caractéristique rend difficile, et même parfois impossible, de déterminer quel constituant était primairement affecté au cours de la spermatogenèse.

Les éléments structuraux responsables du mouvement du spermatozoïde résident dans le flagelle. Une morphologie flagellaire anormale des spermatozoïdes au spermocytogramme comme un flagelle de calibre irrégulier ou écourté ne nous indique pas quelle structure axonémale ou péri-axonémale est responsable de cette morphologie. C'est pourquoi une étude en microscopie électronique est nécessaire.

Les analyses en microscopie électronique chez le patient porteur de la mutation d'épissage au niveau de l'exon 75 ainsi que les autres patients qui présentent les mêmes défauts au niveau du flagelle (calibre irrégulier, enroulé et écourté) montrent que les défauts présents chez ces derniers sont des défauts déjà décrits dans la littérature chez des patients qui présentent des ciliopathies ou chez des souris KO invalidées pour des composantes axonèmale ou périaxonemal, y compris *Dnahc7* (Neesen et al., 2001), *Tcte3* (LC Tctex2 du bras externe de dynéine) (Rashid et al., 2010), *Spag6* (Sapiro et al., 2002), *Spag16L* (Zhang et al., 2006), *Odf2* (Tarnasky et al., 2010) et *Tektin 2* (Tanaka et al., 2004).

*Chapitre II : spermatozoïdes avec des anomalies flagellaires*

DISCUSSION

Bien que le mécanisme de formation de l'axonème ne soit pas encore compris en détail, l'accumulation de plusieurs données clés montre que de nombreux éléments sont nécessaires au processus de la formation ciliaire et flagellaire.

Pour les patients chez lesquels aucune mutation au niveau du gène *DNAH1* n'a été trouvée, plusieurs autres gènes peuvent être la cause des défauts flagellaires présents dans les spermatozoïdes de ces patients. Ces gènes peuvent faire partie de la structure axonémale telle que les dynéines, ou des gènes qui font partie du complexe de régulation. Il y a aussi les gènes qui sont impliqués dans l'assemblage de la structure flagellaire ou encore les gènes impliqués dans le transport intraflagellaire.

On peut également retrouver les gènes de facteur de transcription (tels que Jun-D) (Thepot et al., 2000) ou encore des gènes impliqués dans l'organisation fonctionnelle de la structure des doublets périphérique de l'axonème tels que *Neur1*, *VDAC3* et *Sepp1* (Sampson *et al.*, 2001;. Vollrath *et al.*, 2001; Olson *et al.*, 2005).

**La comparaison du phénotype de nos patients avec un modèle murin invalidé pour ce gène**

La comparaison du phénotype de nos patients qui présentent des mutations au niveau du gène *DNAH1* avec un modèle murin invalidé pour ce gène peut apporter des conclusions précieuses. La souris invalidée pour l'orthologue de *DNAH1* présente une quantité normale de spermatozoïdes mais une grande majorité de ces spermatozoïdes est immobile, les autres montrant une motilité fortement diminuée par rapport aux spermatozoïdes sauvages (Neesen *et al.*, 2001). Contrairement à ce qui est observé chez nos patients les spermatozoïdes des souris KO ne présentent pas d'anomalies morphologiques des flagelles visibles en microscopie optique.

Dans notre étude, les patients présentant une mutation au niveau du gène *DNAH1* possèdent un volume du sperme ainsi qu'une concentration en spermatozoïdes normale sauf un patient pour qui ces paramètres étaient diminués par rapport aux normes (OMS 99). Ces spermatozoïdes montrent aussi une réduction de la mobilité et de la vitalité par rapport à ces mêmes normes. L'inactivation de l'homologue de *DNAH1* (*MDHC7*) a été effectuée par la substitution de 4 exons codant pour le site de

*Chapitre II : spermatozoïdes avec des anomalies flagellaires*

DISCUSSION

fixation de l'ATP (P1-loop). Un défaut au niveau de la mobilité des spermatozoïdes a été observé. Le but des analyses effectuées par MET, était de confirmer l'implication de cette protéine au niveau de la structure des bras de dynéine internes (puisque *DNAH1* code pour une dynéine qui fait partie du IDA). Les observations effectuées par MET montrent cependant que les bras de dynéine internes et externes sont présents chez la souris KO (figure 75). Ces résultats suggèrent fortement que la suppression de la partie centrale et C-terminale de la chaîne lourde *MDHC7* n'a pas d'incidence sur l'ensemble des autres composants du bras de dynéine interne.

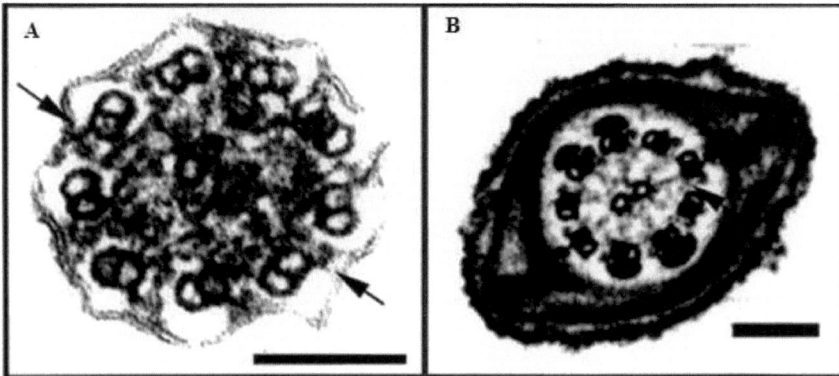

**Figure 74 :** Observation en MET des cils et flagelles de spermatozoïdes de souris invalidées pour le gène *MDHC7*. Les flèches indiquent la présence du bras de dynéine externes A ou internes B. Les spermatozoïdes des souris déficientes en *MDHC7* ne présentent pas de défauts structuraux au niveau de l'axonème. Aucune différence n'a été trouvée dans le nombre ou la structure des bras de dynéine dans les cils des souris *MDHC7-/-*. (Neesen *et al.*, 2001)

L'équipe de Neesen a également effectué d'autres analyses par ME sur ces mêmes souris afin de déterminer la cause exacte de l'asthénospermie chez les spermatozoïdes de ces souris (Vernon *et al.,* 2005) afin de comprendre l'organisation des IDA retrouvée chez ces derniers. On rappelle que chez l'algue chlamydomonas, huit chaînes lourdes faisant partie du IDA ont été identifiées, ces chaînes lourdes sont organisées à l'aide de polypeptides en 7 complexes, six avec une seule chaîne lourde et une seule avec deux chaîne lourdes. Les bras de dynéine interne possèdent une

*Chapitre II : spermatozoïdes avec des anomalies flagellaires*

DISCUSSION

morphologie complexe (Kagami *et al.,* 1992). Une méthode de microscopie électronique, appelée deep-etching replica method, a montré 3 types d'IDA (IDAs 1-3) dans une séquence proximo-distale, ceux-ci se repètent toutes les 96nm. Ils ont pu observer que chez les souris KO les têtes globulaires de la chaîne lourde sont disposées sous la forme 3-2-1 au lieu de la forme 3-2-2 (Vernon *et al.,* 2005).

**Anomalies flagellaires et ICSI**

De grands progrès ont été accomplis dans le traitement de l'infertilité masculine et l'injection intracytoplasmique de spermatozoïdes (l'ICSI) a été présentée aux patients comme pouvant apporter une solution thérapeutique à l'infertilité. Avant l'introduction de l'ICSI, les hommes souffrant d'asthénozoospermie avec ou sans anomalies du flagelle était considérés comme stériles. L'avènement de cette technique a permis à un certain nombre de couples concernés par ces pathologies d'espérer pouvoir initier une grossesse avec les gamètes paternels. Un risque est à considérer lorsque ces spermes sont utilisés en ICSI, celui de la transmission de la mutation.

Ces patients sont souvent prêts à prendre toute responsabilité quant au résultat de l'aide médicale à la procréation, d'où l'importance de pouvoir leur délivrer une information la plus complète possible. Il est particulièrement important de déterminer si les patients porteurs d'anomalies flagellaires présentent également un risque accru de ciliopathies. La prise en charge de ces patients peut également nous permettre d'enrichir nos connaissances sur la physiopathologie des anomalies flagellaires.

Des analyses des résultats de l'ICSI ont été effectuées pour une série de patients infertiles qui présentent une asthénospermie associée à des anomalies au niveau du flagelle du spermatozoïde. D'après la littérature, le taux de réussite des ICSIs réalisées avec des spermatozoïdes appartenant à ces phénotypes sont inférieurs aux taux moyens. Ces études sont cependant d'accord pour dire que les résultats diffèrent selon le défaut ultrastructural qui est présent au niveau flagellaire et qu'une forte proportion de patients peut néanmoins avoir des enfants (Mitchell *et al.,* 2006 ; Fauque *et al.,* 2009). Il semble donc que le succès de l'ICSI soit influencé par le phénotype ; une identification précise des anomalies flagellaires en microscopie électronique constituerait un facteur prédictif du succès de la micromanipulation. La microscopie électronique est non seulement un

*Chapitre II : spermatozoïdes avec des anomalies flagellaires*

*DISCUSSION*

outil diagnostique dans l'infertilité masculine sévère, mais pourrait également être un outil pronostique du succès de la prise en charge en ICSI.

# CONCLUSION

Nous avons utilisé la stratégie de cartographie par homozygotie sur une cohorte de 20 patients présentant un tableau clinique d'asthénoteratozospermie avec 100% des spermatozoïdes présentant une anomalie structurale du flagelle. Une majorité de ces patients étaient issue de la même région (région de Tunis) laissant penser que certains pouvaient être porteurs d'une même mutation homozygote héritée d'un ancêtre commun. Ce travail nous a permis d'identifier une région d'homozygotie commune à 14 patients sur les 20 étudiés. Cette région contenait le gène *DNAH1* qui est apparu comme un bon gène candidat. Nous avons pu identifier des mutations homozygotes chez 6 des 20 patients analysés.

L'identification de l'étiologie de l'infertilité est une étape fondamentale dans la prise en charge des couples car le pronostic et les options thérapeutiques en dépendent. L'abondance des gènes potentiellement candidats rend cependant l'identification des mutations responsables difficile et complexe. La connaissance des causes génétiques et la découverte de nouveaux gènes impliqués dans l'infertilité masculine sont primordiales pour une meilleure compréhension de la physiopathologie complexe de l'infertilité. De ces données naissent des possibilités d'amélioration de la prise en charge thérapeutique des patients infertiles. Actuellement, les progrès constants des techniques d'AMP permettent déjà d'outrepasser les barrières naturelles d'une fécondation par un sperme déficient mais soulèvent le problème de la transmission du facteur génétique causal à la descendance.

L'utilisation des nouvelles techniques de génotypage de l'ensemble du génome (puces à ADN) a permis d'identifier de nouveaux gènes responsables de phénotypes rares d'infertilité masculine. Ces puces à ADN qui ont permis des avancées considérables au cours des dix dernières années, sont maintenant supplantées par les nouvelles technologies de séquençage haut débit qui permettent désormais de séquencer la totalité des parties codantes d'un individu, en quelques jours, pour un coût raisonnable. Ces avancées technologiques vont permettre dans les années à venir d'identifier de nombreux nouveaux gènes pathologiques. L'identification de nouveaux

*Chapitre II : spermatozoïdes avec des anomalies flagellaires*

*CONCLUSION*

gènes nécessaires à la fertilité permet de réaliser un diagnostic, d'affiner le pronostic et donc de mieux orienter la prise en charge du patient. Elle permettra surtout de mieux comprendre les mécanismes fondamentaux de la spermatogénèse et pourrait à terme donner lieu à des avancées au niveau de la prise en charge thérapeutique des patients.

# Bibliographie

## A

Arlot-Bonnemains Y, Klotzbucher A, Giet R, Uzbekov R, Bihan R, Prigent C. Identification of a functional destruction box in the Xenopus laevis aurora Akinase pEg2. FEBS Lett. 2001 Nov 9;508(1):149-52.

Auger J, Kunstmann JM, Czyglik F, Jouannet P. Decline in semen quality among fertile men in Paris during the past 20 years. N Engl J Med. 1995 Feb 2;332(5):281-5.

## B

Baccetti B, Selmi MG, Soldani P. Morphogenesis of 'decapitated' spermatozoa in a man. J Reprod Fertil. 1984 Mar;70(2):395-7.

Balanos-Garcia V.M. Aurora kinases. The International Journal of Biochemistry and Cell Biology. 2005;35:1572-1577.

Bartoloni L, Blouin JL, Pan Y, Gehrig C, Maiti AK, Scamuffa N, Rossier C, Jorissen M, Armengot M, Meeks M, Mitchison HM, Chung EM, Delozier-Blanchet CD, Craigen WJ, Antonarakis SE. Mutations in the DNAH11 (axonemal heavy chain dynein type 11) gene cause one form of situs inversus totalis and most likely primary ciliary dyskinesia. Proc Natl Acad Sci U S A. 2002 Aug 6;99(16):10282-6.

Becker-Heck A, Zohn IE, Okabe N, Pollock A, Lenhart KB, Sullivan-Brown J, McSheene J, Loges NT, Olbrich H, Haeffner K, Fliegauf M, Horvath J, Reinhardt R, Nielsen KG, Marthin JK, Baktai G, Anderson KV, Geisler R, Niswander L, Omran H, Burdine RD. The coiled-coil domain containing protein CCDC40 is essential for motile cilia function and left-right axis formation. Nat Genet. 2011 Jan;43(1):79-84.

Ben Khelifa M, Zouari R, Harbuz R, Halouani L, Arnoult C, Lunardi J, Ray PF. A new AURKC mutation causing macrozoospermia: implications for human spermatogenesis and clinical diagnosis. Mol Hum Reprod. 2011 Dec;17(12):762-8.

Benzacken B, Gavelle FM, Martin-Pont B, Dupuy O, Lièvre N, Hugues JN, Wolf JP. Familial sperm polyploidy induced by genetic spermatogenesis failure: case report. Hum Reprod. 2001 Dec;16(12):2646-51.

Bolton MA, Lan W, Powers SE, McCleland ML, Kuang J, Stukenberg PT. Aurora B kinase exists in a complex with survivin and INCENP and its kinase activity is simulated by survivin binding and phosphorylation. Mol Biol Cell. 2002;13:3064-77.

Brake A, Krause W. Decreasing quality of semen. British Medical Journal. 1992;305(6867):P. 1498.

Buffone MG, Foster JA, Gerton GL. The role of the acrosomal matrix in fertilization. Int J Dev Biol 2008; 52: 511-522.

Burgos C, Maldonado C, Gerez de Burgos NM, Aoki A, Blanco A. Intracellular localization of the testicular and sperm-specific lactate dehydrogenase isozyme C4 in mice. Biol Reprod. 1995 Jul;53(1):84-92.

Burset M, Seledtsov IA, Solovyev VV. SpliceDB: database of canonical and non-canonical mammalian splice sites. Nucleic Acids Res. 2001 Jan 1;29(1):255-9.

## C

Campbell PK, Waymire KG, Heier RL, Sharer C, Day DE, Reimann H, Jaje JM, Friedrich GA, Burmeister M, Bartness TJ, Russell LD, Young LJ, Zimmer M, Jenne DE, MacGregor GR. Mutation of a noval gene results in abnormal development of spermatid Flagella, loss of intermale aggression and reduced body fat in mice.Genetics.2002 Sep;162(1):307-20.

Carlsen E, Giwercman A, Keiding N, Skakkebaek NE. Evidence for decreasing quality of semen during past 50 years. BMJ. 1992 Sep 12;305(6854):609-13.

Carvalho-Santos Z, Azimzadeh J, Pereira-Leal JB, Bettencourt-Dias M. Evolution: Tracing the origins of centrioles, cilia, and flagella. J Cell Biol. 2011;194(2):165-75.

Castro A, Vigneron S, Bernis C, Labbe JC, Prigent C, Lorca T. The D-Box-activating domain (DAD) is a new proteolysis signal that stimulates the silent D-Box sequence of Aurora-A. EMBO Rep. 2002;3: 1209-14.

Castleman VH, Romio L, Chodhari R, Hirst RA, de Castro SC, Parker KA, Ybot-Gonzalez P, Emes RD, Wilson SW, Wallis C, Johnson CA, Herrera RJ, Rutman A, Dixon M, Shoemark A, Bush A, Hogg C, Gardiner RM, Reish O, Greene ND, O'Callaghan C, Purton S, Chung EM, Mitchison HM.Mutations in radial spoke head protein genes RSPH9 and RSPH4

# Bibliographie

A cause primaryciliary dyskinesia with central-microtubular-pair abnormalities. Am J Hum Genet. 2009 Feb;84(2):197-209.

Cesario MM, Bartles JR. Compartmentalization, processing and redistribution of the plasma membrane protein CE9 on rodent spermatozoa. Relationship of the annulus to domain boundaries in the plasma membrane of the tail. J Cell Sci. 1994 ;107 (2):561-70.

Chelli MH, Albert M, Ray PF, Guthauser B, Izard V, Hammoud I, Selva J, Vialard F. Can intracytoplasmic morphologically selected sperm injection be used to select normal-sized sperm heads in infertile patients with macrocephalic sperm head syndrome? Fertil Steril. 2010 Mar 1;93(4):1347.

Chemes HE. Phenotypes of sperm pathology: genetic and acquired forms in infertile men. J Androl. 2000 Nov-Dec;21(6):799-808.

Clermont Y, Oko R, Hermo L. Immunocytochemical localization of proteins utilized in the formation of outer dense fibers and fibrous sheath in rat spermatids: an electron microscope study. Anat Rec. 1990 ;227(4):447-57.

Cole DG, Diener DR, Himelblau AL, Beech PL, Fuster JC, Rosenbaum JL.Chlamydomonas kinesin-II-dependent intraflagellar transport (IFT): IFT particles contain proteins required for ciliary assembly in Caenorhabditis elegans sensory neurons. J Cell Biol. 1998 May 18;141(4):993-1008.

Cosson J. A moving image of flagella: news and views on the mechanisms involved in axonemal beating. Cell Biol Int. 1996;20(2):83-94.

Courtens JL. Relationships among the postnuclear band, chromatin and nuclear envelope of ram spermatids. Concept of a partial model to explain the displacements of the manchette. Reprod Nutr Dev. 1982;22(6):951-8.

Coutton C, Satre V, Arnoult C, Ray P. Genetics of male infertility: the new players. Med Sci (Paris). 2012 May;28(5):497-502 (a).

Coutton C, Zouari R, Abada F, Ben Khelifa M, Merdassi G, Triki C, Escalier D, Hesters L, Mitchell V, Levy R, Sermondade N, Boitrelle F, Vialard F, Satre V, Hennebicq S, Jouk PS, Arnoult C, Lunardi J, Ray PF. MLPA and sequence analysis of DPY19L2 reveals point mutations causing globozoospermia. Hum Reprod. 2012 Jun 6 (b).

## D

Dam AH, Koscinski I, Kremer JA, Moutou C, Jaeger AS, Oudakker AR, Tournaye H, Charlet N, Lagier-Tourenne C, van Bokhoven H, Viville S. Homozygous mutation in SPATA16 is associated with male infertility in human globozoospermia. Am J Hum Genet. 2007 Oct;81(4):813-20.

David G, Bisson P, Czyglick F, Jouannet P, Gernigon C. Anomalies morphologiques du spermatozoïde humain. Proposition pour un système de classification. J Gyn Obst Biol Reprod. 1975;4, 37-86.

Demonchy R, Blisnick T, Deprez C, Toutirais G, Loussert C, Marande W, Grellier P, Bastin P, Kohl L. Kinesin 9 family members perform separate functions in the trypanosome flagellum. J Cell Biol. 2009 Nov 30;187(5):615-22.

Devillard F, Metzler-Guillemain C, Pelletier R, DeRobertis C, Bergues U, Hennebicq S, Guichaoua M, Sèle B, Rousseaux S. Polyploidy in large-headed sperm: FISH study of three cases. Hum Reprod. 2002 May;17(5):1292-8.

Dieterich K, Soto Rifo R, Faure AK, Hennebicq S, Ben Amar B, Zahi M, Perrin J, Martinez D, Sèle B, Jouk PS, Ohlmann T,Rousseaux S, Lunardi J, Ray PF. Homozygous mutation of AURKC yields large-headed polyploid spermatozoa and causes male infertility. Nat Genet. 2007 May;39(5):661-5.

Dieterich K, Zouari R, Harbuz R, Vialard F, Martinez D, Bellayou H, Prisant N, Zoghmar A, Guichaoua MR, Koscinski I, Kharouf M, Noruzinia M, Nadifi S, Sefiani A, Lornage J, Zahi M, Viville S, Sèle B, Jouk PS, Jacob MC, Escalier D, Nikas Y, Hennebicq S, Lunardi J, Ray PF. The Aurora Kinase C c.144delC mutation causes meiosis I arrest in men and isfrequent in the North African population. Hum Mol Genet. 2009 Apr 1;18(7):1301-9.

Dutcher SK, Huang B, Luck DJ. Genetic dissection of the central pair microtubules of the flagella of Chlamydomonas reinhardtii. J Cell Biol. 1984;98(1):229-36.

## E

Eddy EM. The scaffold role of the fibrous sheath. Soc Reprod Fertil Suppl. 2007;65:45-62.

Eddy EM, Toshimori K, O'Brien DA. Fibrous sheath ofmammalian spermatozoa. Microsc Res Tech 2003; 61: 103-115.

Effendy I, Krause W. Environmental risk factors in the history of male patients of an infertility clinic. Andrologia. 1987;19:262–265.

Escalier D. Human spermatozoa with large heads and multiple flagella: a quantitative ultrastructural study of 6 cases. Biol Cell 1983;48:65–74.

Escalier D. Mammalian spermatogenesis investigated by genetic engineering. Histol Histopathol. 1999 Jul;14(3):945-58.

# Bibliographie

Escalier D. What are the germ cell phenotypes from infertile men telling us about spermatogenesis? Histol Histopathol. 1999 Jul;14(3):959-71.
Escalier D. Genetic approach to male meiotic division deficiency: the human macronuclear spermatozoa. Mol Hum Reprod. 2002 Jan;8(1):1-7.
Escalier D. New insights into the assembly of the periaxonemal structures in mammalian spermatozoa. Biology of reproduction 2003;69(2):373-8.
Escalier D. Knockout mouse models of sperm flagellum anomalies. Hum Reprod Update. 2006 Jul-Aug;12(4):449-61.

**F**

Fauque P, Albert M, Serres C, Viallon V, Davy C, Epelboin S, Chalas C, Jouannet P, Patrat C. From ultrastructural flagellar sperm defects to the health of babies conceived by ICSI. Reprod Biomed Online. 2009 Sep;19(3):326-36.
Fawcett DW. A comparative view of sperm ultrastructure. Biol Reprod 1970;2: 90-127.
Fawcett DW. The mammalian spermatozoon. Dev Biol. 1975;44(2):394-436.
Fernandez-Gonzalez A, la Spada AR, Treadaway J, Higdon JC, Harris BS, Sidman RL, Morgan JI and Zuo J (2002) Purkinje cell degeneration (pcd) phenotypes caused by mutations in the axotomy-induced gene, Nna1. Science 295, 1904-1906.
Fisch C, Dupuis-Williams P. The rebirth of the ultrastructure of cilia and flagella. Biol Aujourdhui. 2011;205(4):245-67.
Forejt J, Gregirova S. Meiotic studies of translocations causing male sterility in the mouse. I. Autosomal reciprocal translocations. Cytogenet Cell Genet. 1977;19(2-3):159-79.

**G**

Gaillard AR, Diener DR, Rosenbaum JL, Sale WS. Flagellar radial spoke protein 3 is an A-kinase anchoring protein (AKAP). J Cell Biol. 2001;153(2):443-8.
Gekas J, Thepot F, Turleau C, Siffroi JP, Dadoune JP, Briault S, Rio M, Bourouillou G, Carré-Pigeon F, Wasels R, Benzacken B. Chromosomal factors of infertility in candidate couples for ICSI: an equal risk of constitutional aberrations in women and men. Hum Reprod. 2001 Jan;16(1):82-90.
German J, Rasch EM, Huang CY, MacLeod J, Imperato-McGinley J. Human infertility due to production of multipletailed spermatozoa with excessive amounts of DNA. Am J Hum Genet; 1981.
Gibbons BH, Gibbons IR. Vanadate-sensitized cleavage of dynein heavy chains by 365-nm irradiation of demembranated sperm flagella and its effect on the flagellar motility. J Biol Chem. 1987 Jun 15;262(17):8354-9.
Gibbons IR. The role of dynein in microtubule-based motility. Cell Struct Funct. 1996;21(5):331-42.
Giet R, Prigent C. The non-catalytic domain of the Xenopus laevis auroraA kinase localises the protein to the centrosome. J Cell Sci. 2001;114: 2095-104.
Glover DM, Leibowitz MH, McLean DA, Parry H. Mutations in aurora prevent centrosome separation leading to the formation of monopolar spindles. Cell. 1995;81:95-105.
Guichaoua MR, Delafontaine D, Noël B, Luciani JM. Male infertility of chromosomal origin Contracept Fertil Sex. 1993 Feb;21(2):113-21.
Guichaoua MR, Geoffroy-Siraudin C, Mercier G, Achard V, Paulmyer-Lacroix O, Metzler-Guillemain C. Genetic aspects of the teratozoospermia. Gynecol Obstet Fertil. 2009 Jun;37(6):540-5.
Guichaoua MR, Speed RM, Luciani JM, Delafontaine D, Chandley AC. Infertility in human males with autosomal translocations. II.Meiotic studies in three reciprocal rearrangements, one showing tertiary monosomy in a 45-chromosome individual and his father. Cytogenet Cell Genet. 1992;60(2):96-101.
Guichard C, Harricane MC, Lafitte JJ, Godard P, Zaegel M, Tack V, Lalau G, Bouvagnet P. Axonemal dynein intermediate-chain gene (DNAI1) mutations result in situs inversus and primary ciliary dyskinesia (Kartegener syndrome). Am J Hum Genet. 2001 Apr;68(4):1030-5.
Gull K. The cytoskeleton of trypanosomatid parasites. Annu Rev Microbiol. 1999;53:629–55.
Guthauser B, Vialard F, Dakouane M, Izard V, Albert M, Selva J. Chromosomal analysis of spermatozoa with normal-sized heads in two infertile patients with macrocephalic sperm head syndrome. Fertil Steril. 2006 Mar;85(3):750.e5-750.e7.

**H**

Habura A, Tikhonenko I, Chisholm RL, Koonce MP. Interaction mapping of a dynein heavy chain. Identification of dimerization and intermediate-chain binding domains. J Biol Chem. 1999;274(22):15447-53.
Hanks SK, Quinn AM, Hunter T. The protein kinase family: conserved features and deduced phylogeny of the catalytic domains.Science. 1988;241: 42-52.
Harris PC, Rossetti S. Molecular diagnostics for autosomal dominant polycystic kidney disease. Nat Rev Nephrol. 2010;6(4):197-206.

# Bibliographie

Harbuz R, Zouari R, Dieterich K, Nikas Y, Lunardi J, Hennebicq S, Ray PF. Function of aurora kinase C (AURKC) in human reproduction. Gynecol Obstet Fertil. 2009 Jun;37(6):546-51. doi: 10.1016/j.gyobfe.2009.04.002.

Harbuz R, Zouari R, Pierre V, Ben Khelifa M, Kharouf M, Coutton C, Merdassi G, Abada F, Escoffier J, Nikas Y, Vialard F,Koscinski I, Triki C, Sermondade N, Schweitzer T, Zhioua A, Zhioua F, Latrous H, Halouani L, Ouafi M, Makni M, Jouk PS,Sèle B, Hennebicq S, Satre V, Viville S, Arnoult C, Lunardi J, Ray PF. A recurrent deletion of DPY19L2 causes infertility in man by blocking sperm head elongation and acrosome formation. Am J Hum Genet. 2011 Mar 11;88(3):351-61.

Hicks SW, Machamer CE. Isoform-specific interaction of Golgin-160 with the golgi-associated protein PIST. J Biol Chem. 2005 Aug 12;280(32):28944.

Hildebrandt F, Otto E. Cilia and centrosomes: a unifying pathogenic concept for cystic kidney disease? Nat Rev Genet. 2005 Dec;6(12):928-40.

Ho HC, Suarez SS. Hyperactivation of mammalian spermatozoa: function and regulation. Reproduction. 2001;122(4):519-26.

Ho HC, Wey S. Three dimensional rendering of the mitochondrial sheath morphogenesis during mouse spermiogenesis. Microsc Res Tech. 2007;70(8):719-23.

Holstein AF, Roosen-Runge EC. Atlas of Human Spermatogenesis. Berlin: Grosse; 1981.

Holstein AF, Schirren C, Schirren CG. Human spermatids and spermatozoa lacking acrosomes. J Reprod Fertil. 1973 Dec;35(3):489-91.

Homolka D, Ivanek R, Capkova J, Jansa P, Forejt J. Chromosomal rearrangement interfers with meiotic X chromosome inactivation. Genome Res. 2007 Oct;17(10):1431-7.

Honigberg L, Kenyon C. Establishment of left/right asymmetry in neuroblast migration by UNC-40/DCC, UNC-73/Trio and DPY-19 proteins in C. elegans. Development. 2000 Nov;127(21):4655-68.

Hou Y, Qin H, Follit JA, Pazour GJ, Rosenbaum JL, Witman GB. Functional analysis of an individual IFT protein: IFT46 is required for transport of outer dynein arms into flagella. J Cell Biol. 2007;176(5):653-65.

Hutchings NR, Donelson JE, Hill KL. Trypanin is a cytoskeletal linker protein and is required for cell motility in African trypanosomes. J Cell Biol. 2002 Mar 4;156(5):867-77.

## I

Ihara M, Kinoshita A, Yamada S, Tanaka H, Tanigaki A, Kitano A, Goto M, Okubo K, Nishiyama H, Ogawa O, Takahashi C, Itohara S,Nishimune Y, Noda M, Kinoshita M. Cortical organization by the septin cytoskeleton is essential for structural and mechanical integrity of mammalian spermatozoa. Dev Cell. 2005;8(3):343-52.

Inaba K. Molecular architecture of the sperm flagella: molecules for motility and signaling. Zoolog Sci. 2003;20(9):1043-56.

Inaba K. Molecular basis of sperm flagellar axonemes: structural and evolutionary aspects. Ann N Y Acad Sci. 2007;1101:506-26.

Inaba K. Sperm flagella: comparative and phylogenetic perspectives of protein components. Mol Hum Reprod. 2011 Aug;17(8):524-38.

In't Veld PA, Broekmans FJ, de France HF, Pearson PL, Pieters MH, van Kooij RJ. Intracytoplasmic sperm injection (ICSI) and chromosomally abnormal spermatozoa. Hum Reprod. 1997 Apr;12(4):752-4.

Ishikawa T. Structural biology of cytoplasmic and axonemal dyneins. J Struct Biol. 2012 Aug;179(2):229-34. doi: 10.1016/j.jsb.2012.05.016. Epub 2012 Jun 1.

Ito C, Suzuki-Toyota F, Maekawa M, Toyama Y, Yao R, Noda T, Toshimori K. Failure to assemble the peri-nuclear structures in GOPC deficient spermatids as found in round-headed spermatozoa. Arch Histol Cytol. 2004 Nov;67(4):349-60.

## J

Jameson RM. Clinical aspects of infections associated with male infertility: a review. J R Soc Med. 1981 May;74(5):371-3.

## K

Kagami O, Kamiya R. Translocation and rotation of microtubules caused by multiple species of Chlamydomonas inner-arm dynein. J Cell Sci, 1992:103:653-64.

Kahraman S, Akarsu C, Cengiz G, Dirican K, Sözen E, Can B, Güven C, Vanderzwalmen P. Fertility of ejaculated and testicular megalohead spermatozoa with intracytoplasmic sperm injection. Hum Reprod. 1999 Mar;14(3):726-30.

Kalahanis J, Rousso D, Kourtis A, Mavromatidis G, Makedos G, Panidis D. Round-headed spermatozoa in semen specimens from fertile and subfertilemen. J Reprod Med. 2002 Jun;47(6):489-93.

# Bibliographie

Kashiwabara S, Arai Y, Kodaira K, Baba T. Acrosin biosynthesis in meiotic and postmeiotic spermatogenic cells. Biochem Biophys Res Commun. 1990;173(1):240-5.
Kennedy C, Sebire K, de Kretser DM, O'Bryan MK. Human sperm associated antigen 4 (SPAG4) is a potential cancer marker. Cell Tissues Res, 2004 Feb;315(2):279-83.
Kékesi A, Erdei E, Török M, Drávucz S, Tóth A. Segregation of chromosomes in spermatozoa of four Hungarian translocation carriers. Fertil Steril. 2007 Jul;88(1):212.
Kierszenbaum AL, Tres LL. The acrosome-acroplaxome-manchette complex and the shaping of the spermatid head. Arch Histol Cytol. 2004;67(4):271-84.
King SJ, Bonilla M, Rodgers ME, Schroer TA. Subunit organization in cytoplasmic dynein subcomplexes. Protein Sci. 2002 ;11(5):1239-50.
King SM. AAA domains and organization of the dynein motor unit. J Cell Sci. 2000;113 ( Pt 14):2521-6.
King SM, Patel-King RS. The M(r) = 8,000 and 11,000 outer arm dynein light chains from Chlamydomonas flagella have cytoplasmic homologues. J Biol Chem. 1995;270(19):11445-52.
Kimmins S, Crosio C, Kotaja N, Hirayama J, Monaco L, Höög C, Duin MV, Gossen JA, Sassone-Corsi P. Differential Functions of the Aurora-B and Aurora-C Kinases in mammalian spermatogenesis. Mol. Endocrinol. 2007;21(3):726-739.
Kissel H, Georgescu MM, Larisch S, Manova K, Hunnicutt GR, Steller H. The Sept4 septin locus is required for sperm terminal differentiation in mice. Dev Cell. 2005 ;8(3):353-64.
Kobayashi Y, Watanabe M, Okada Y, Sawa H, Takai H, Nakanishi M, Kawase Y, Suzuki H, Nagashima K, Ikeda K, Motoyama N. Hydrocephalus, Situs Inversus, Chronic Sinusitis, and male infertility in DNA Polymerase λ-Deficient Mice: Possible Implication for the Pathgenesis of Immotile Cilia Syndrome. Mol Celle Biol. 2002 Apr;22(8):2769-76.
Koscinski I, Elinati E, Fossard C, Redin C, Muller J, Velez de la Calle J, Schmitt F, Ben Khelifa M, Ray PF, Kilani Z, Barratt CL,Viville S. DPY19L2 deletion as a major cause of globozoospermia. Am J Hum Genet. 2011 Mar 11;88(3):344-50.
Kon T, Nishiura M, Ohkura R, Toyoshima YY, Sutoh K. Distinct functions of nucleotide-binding/hydrolysis sites in the four AAA modules of cytoplasmic dynein. Biochemistry. 2004;43(35):11266-74.
Kozminski KG, Beech PL, Rosenbaum JL. The Chlamydomonas kinesin-like protein FLA10 is involved in motility associated with the flagellar membrane. J Cell Biol. 1995 Dec;131:1517-27.
Krawczyński MR, Witt M. PCD and RP: X-linked inheritance of both disorders? Pediatr Pulmonol. 2004 Jul;38(1):88-9.
Kwitny S, Klaus AV, Hunnicutt GR. The annulus of the mouse sperm tail is required to establish a membrane diffusion barrier that is engaged during the late steps of spermiogenesis. Biol Reprod. 2010 ;82(4):669-78.

## L

Lackner J, Schatzl G, Waldhör T, Resch K, Kratzik C, Marberger M. Constant decline in sperm concentration in infertile males in an urban population: experience over 18 years. Fertil Steril. 2005 Dec;84(6):1657-61.
Lander ES, Botstein D. Homozygosity mapping: a way to map human recessive traits with the DNA of inbred children. Science. 1987 Jun 19;236(4808):1567-70.
Leng M, Li G, Zhong L, Hou H, Yu D, Shi Q. Abnormal synapses and recombination in an azoospermic male carrier of a reciprocal translocation t(1;21). Fertil Steril 2009 Apr;91(4):1293.
Liow SL, Yong EL, Ng SC. Prognostic value of Y deletion analysis: How reliable is the outcome of Y deletion analysis in providing a sound prognosis? Hum Reprod. 2001 Jan;16(1):9-12.
Liu G, Shi QW, Lu GX. A newly discovered mutation in PICK1 in a human with globozoospermia. Asian J Androl. 2010 Jul;12(4):556-60. doi: 10.1038/aja.2010.47.
Loges NT, Olbrich H, Becker-Heck A, Häffner K, Heer A, Reinhard C, Schmidts M, Kispert A, Zariwala MA, Leigh MW,Knowles MR, Zentgraf H, Seithe H, Nürnberg G, Nürnberg P, Reinhardt R, Omran H. Deletions and point mutations of LRRC50 cause primary ciliary dyskinesia due to dynein arm defects. Am J Hum Genet. 2009 Dec;85(6):883-9.
Loges NT, Olbrich H, Fenske L, Mussaffi H, Horvath J, Fliegauf M, Kuhl H, Baktai G, Peterffy E, Chodhari R, Chung EM, Rutman A, O'Callaghan C, Blau H, Tiszlavicz L, Voelkel K, Witt M, Zietkiewicz E, Neesen J, Reinhardt R, Mitchison HM, Omran H. DNAI2 mutations cause primary ciliary dyskinesia with defects in the outer dynein arm. Am J Hum Genet. 2008 Nov;83(5):547-58.
Lornage J. Gynécologie-obstétrique pratique. 2002;144 :10.

## M

Makokha M, Hare M, Li M, Hays T, Barbar E. Interactions of cytoplasmic dynein light chains Tctex-1 and LC8 with theintermediate chain IC74. Biochemistry. 2002 ;41(13):4302-11.

*Bibliographie*

Mateu E, Rodrigo L, Prados N, et al. High incidence of chromosomal abnormalities in large-headed and multiple-tailed spermatozoa. J Androl 2006;27:610.
Matzuk MM, Lamb DJ. The biology of infertility: research advances and clinical challenges. *Nat Med* 14, 1197-213 (2008).
Mazor M, Alkrinawi S, Chalifa-Caspi V, Manor E, Sheffield VC, Aviram M, Parvari R. Primary ciliary dyskinesia caused by homozygous mutation in DNAL1, encoding dynein light chain 1. Am J Hum Genet 2011 May 13;88(5):599-607.
Mazumdar M, Mikami A, Gee MA, Valee RB. In vitro motility from recombinant dynein heavy chain. Proc Natl Acad Sci U S A. 1996;93(13):6552-6.
Meistrich ML, Trostle-Weige PK, Womack JE. Mapping of the azh locus to mouse chromosome 4. J Hered. 1992 Jan-Feb;83(1):56-61.
Merveille AC, Davis EE, Becker-Heck A, Legendre M, Amirav I, Bataille G, Belmont J, Beydon N, Billen F, Clément A, Clercx C, Coste A, Crosbie R, de Blic J, Deleuze S, Duquesnoy P, Escalier D, Escudier E, Fliegauf M, Horvath J, Hill K, Jorissen M, Just J, Kispert A, Lathrop M, Loges NT, Marthin JK, Momozawa Y, Montantin G, Nielsen KG, Olbrich H, Papon JF, Rayet I, Roger G, Schmidts H, Tenreiro H, Towbin JA, Zelenika D, Zentgraf H, Georges M, Lequarré AS, Katsanis N, Omran H, Amselem S. CCDC39 is required for assembly of inner dynein arms and the dynein regulatory complex and for normal ciliary motility in humans and dogs. Nat Genet. 2011 Jan;43(1):72-8. Epub 2010 Dec 5.
Miki K, Willis WD, Brown PR, Goulding EH, Fulcher KD, Eddy EM. Targeted disruption of the Akap4 gene causes defects in sperm flagellum and motility. Dev Biol. 2002 ;248(2):331-42.
Mitchell V, Rives N, Albert M, Peers MC, Selva J, Clavier B, Escudier E, Escalier D. Outcome of ICSI with ejaculated spermatozoa in a series of men with distinct ultrastructural flagellar abnormalities. Hum Reprod. 2006 Aug;21(8):2065-74.
Miyamoto T, Tsujimura A, Miyagawa Y, Koh E, Namiki M, Sengoku K. Male infertility and its causes in human. Adv Urol. 2012;2012:384520.
Mochida K, Tres LL, Kierszenbaum AL. Structural and biochemical features of fractionated spermatid manchettes and sperm axonemes of the azh/azh mutant mouse. Mol Reprod Dev. 1999 Apr;52(4):434-44.
Mocz G, Gibbons IR. Phase partition analysis of nucleotide binding to axonemal dynein. Biochemistry. 1996 Jul 16;35(28):9204-11.
Morel F, Laudier B, Guérif F, Couet ML, Royère D, Roux C, Bresson JL, Amice V, De Braekeleer M, Douet-Guilbert N. Meiotic segregation analysis in spermatozoa of pericentric inversion carriers using fluorescence in-situ hybridization. Hum Reprod. 2007 Jan;22(1):136-41.
Moreno RD, Alvarado CP. The mammalian acrosome as a secretory lysosome: new and old evidence. Mol Reprod Dev. 2006;73(11):1430-4.
Moreno RD, Ramalho-Santos J, Sutovsky P, Chan EK, Schatten G. Vesicular traffic and golgi apparatus dynamics during mammalian spermatogenesis: implications for acrosome architecture. Biol Reprod. 2000;63(1):89-98.
Moreno RD, Palomino J, Schatten G. Assembly of spermatid acrosome depends on microtubule organization during mammalian spermiogenesis. Dev Biol 2006; 293: 218-27.
Mori C, Allen JW, Dix DJ, Nakamura N, Fujioka M, Toshimori K, Eddy EM. Completion of meiosis is not always required for acrosome formation in HSP70-2 null mice. Biol Reprod. 1999 Sep;61(3):813-22.
Mori C, Nakamura N, Welch JE, Gotoh H, Goulding EH, Fujioka M, Eddy EM. Mouse spermatogenic cell-specific type 1 hexokinase (mHk1-s) transcripts are expressed by alternative splicing from the mHk1 gene and the HK1-S protein is localized mainly in the sperm tail. Mol Reprod Dev. 1998 Apr;49(4):374-85.
Mori C, Welch JE, Sakai Y, Eddy EM. In situ localization of spermatogenic cell specific glyceraldehyde 3-phosphate dehydrogenase (Gapd-s) messenger ribonucleic acid in mice. Biol Reprod 1992; 46: 859-868.

**N**

Nagarkatti-Gude DR, Jaimez R, Henderson SC, Teves ME, Zhang Z, Strauss JF 3rd. Spag16,an axonemal central apparatus gene, encodes a male germ cell nuclearspeckle protein that regulates SPAG16 mRNA expression. PLoS One. 2011;6(5):e20625.
Narayan D, Krishnan SN, Upender M, Ravikumar TS, Mahoney MJ, Dolan TF Jr, Teebi AS, Haddad GG. Unusual inheritance of primary ciliary dyskinesia (Kartagener's syndrome). J Med Genet. 1994 Jun;31(6):493-6.
Neesen J, Kirschner R, Ochs M, Schmiedl A, Habermann B, Mueller C, Holstein AF, Nuesslein T, Adham I, Engel W. Disruption of an inner arm dynein heavy chain gene results in asthenozoospermia and reduced ciliary beat frequency. Hum Mol Genet. 2001 May 15;10(11):1117-28.

# Bibliographie

Nigg EA. Mitotic kinases as regulators of cell division and its checkpoints. Nat Rev Mol Cell Biol. 2001;2: 21-32.
Nistal M, Paniagua R, Herruzo A. Multi-tailed spermatozoa in a case with asthenospermia and teratospermia. Virchows Arch B Cell Pathol. 1977 Dec 30;26(2):111-8.

## O

Olbrich H, Häffner K, Kispert A, Völkel A, Volz A, Sasmaz G, Reinhardt R, Hennig S, Lehrach H, Konietzko N, Zariwala M, Noone PG, Knowles M, Mitchison HM, Meeks M, Chung EM, Hildebrandt F, Sudbrak R, Omran H. Mutations in DNAH5 cause primary ciliary dyskinesia and randomization of left-right asymmetry. Nat Genet. 2002 Feb;30(2):143-4.
Olbrich H, Papon JF, Rayet I, Roger G, Schmidts M, Tenreiro H, Towbin JA, Zelenika D, Zentgraf H, Georges M, Lequarré AS, Katsanis N, Omran H, Amselem S. CCDC39 is required for assembly of inner dynein arms and the dynein regulatory complex and for normal ciliary motility in humans and dogs. Nat Genet. 2011 Jan;43(1):72-8.
Olbrich H, Fliegauf M, Hoefele J, Kispert A, Otto E, Volz A, Wolf MT, Sasmaz G, Trauer U, Reinhardt R, Sudbrak R, Antignac C, Gretz N, Walz G, Schermer B, Benzing T, Hildebrandt F, Omran H. Mutations in a novel gene, NPHP3, cause adolescent nephronophthisis, tapeto-retinal degeneration and hepatic fibrosis. Nat Genet. 2003 Aug;34(4):455-9.
Oldereid NB, Rui H, Purvis K. Life styles of men in barren couples and their relationship to sperm quality. International Journal of Fertility. 1992;37(6):343–349.
Olivier-Bonnet M, Benet J, Sun F, Navarro J, Abad C, Liehr T, Starke H, Greene C, Ko E, Martin RH. Meiotic studies in two human reciprocal translocations and their association with spermatogenic failure. Hum Reprod. 2005 Mar;20(3):683-8.
Olson GE, Winfrey VP, Nagdas SK, Hill KE, Burk RF. Selenoprotein P is required for mouse sperm development. Biol Reprod. 2005 Jul;73(1):201-11.
Oh-Oka T, Tanii I, Wakayama T, Yoshinaga K, Watanabe K, Toshimori K. Partial characterization of an intra-acrosomal protein, human acrin1 (MN7). J Androl 2001, 22: 17-24.
Oko R. Comparative analysis of proteins from the fibrous sheath and outer dense fibers of rat spermatozoa. Biol Reprod. 1988 ;39(1):169-82.
Otto E, Hoefele J, Ruf R, Mueller AM, Hiller KS, Wolf MT, Schuermann MJ, Becker A, Birkenhäger R, Sudbrak R, Hennies HC, Nürnberg P, Hildebrandt F. A gene mutated in nephronophthisis and retinitis pigmentosa encodes a novel protein, nephroretinin, conserved in evolution. Am J Hum Genet. 2002 Nov;71(5):1161-7. Epub 2002 Aug 29.
Otto EA, Loeys B, Khanna H, Hellemans J, Sudbrak R, Fan S, Muerb U, O'Toole JF, Helou J, Attanasio M, Utsch B, Sayer JA, Lillo C, Jimeno D, Coucke P, De Paepe A, Reinhardt R, Klages S, Tsuda M, Kawakami I, Kusakabe T, Omran H, Imm A, Tippens M, Raymond PA, Hill J, Beales P, He S, Kispert A, Margolis B, Williams DS, Swaroop A, Hildebrandt F. Nephrocystin-5, a ciliary IQ domain protein, is mutated in Senior-Loken syndrome and interacts with RPGR and calmodulin. Nat Genet. 2005 Mar;37(3):282-8. Epub 2005 Feb 20.

## P

Padma P, Hozumi A, Ogawa K, Inaba K. Molecular cloning and characterization of a thioredoxin/nucleoside diphosphate kinase related dynein intermediate chain from the ascidian, Ciona intestinalis. Gene. 2001;275(1):177-83.
Patel-King RS, Gorbatyuk O, Takebe S, King SM. Flagellar radial spokes contain a Ca2+-stimulated nucleoside diphosphate kinase. Mol Biol Cell. 2004;15(8):3891-902.
Phillips DM. Mitochondrial disposition in mammalian spermatozoa. J Ultrastruct Res. 1977;(2):144-54.
Pazour GJ, Witman GB. The vertebrate primary cilium is a sensory organelle. Curr Opin Cell Biol. 2003;15(1):105-10.
Pazour GJ, Agrin N, Leszyk J, Witman GB. Proteomic analysis of a eukaryotic cilium. J Cell Biol. 2005;170(1):103-13.
Pennarun G, Escudier E, Chapelin C, Bridoux AM, Cacheux V, Roger G, Clément A, Goossens M, Amselem S, Duriez B. Loss-of-function mutations in a human gene related to Chlamydomonas reinhardtii dynein IC78 result in primary ciliary dyskinesia. Am J Hum Genet. 1999 Dec;65(6):1508-19.
Perrin A, Morel F, Moy L, Colleu D, Amice V, De Braekeleer M. Study of aneuploidy in large-headed, multiple-tailed spermatozoa: case reprt and review of the literature. Fertil Steril. 2008 Oct; 90(4): 1201.
Pierre V, Martinez G, Coutton C, Delaroche J, Yassine S, Novella C, Pernet-Gallay K, Hennebicq S, Ray PF, Arnoult C. Absence of Dpy19l2, a new inner nuclear membrane protein, causes globozoospermia in mice by preventing the anchoring of the acrosome to the nucleus. Development. 2012 Aug;139(16):2955-65. doi: 10.1242/dev.077982.

## R

Rashid S, Grzmil P, Drenckhahn JD, Meinhardt A, Adham I, Engel W, Neesen J. Disruption of the murine dynein light chain gene Tcte3-3 results in asthenozoospermia. Reproduction. 2010 Jan;139(1):99-111.

Roes HP, van Klaveren J, de Wit J, van Gurp CG, Koken MH, Vermey M, van Roijen JH, Hoogerbrugge JW, Vreeburg JT, Baarends WM, Bootsma D, Grootegoed JA, Hoeijmakers JH. Inactivation of the HR6B ubiquitin-Conjugating DNA repair enzyme in mice causes male sterility associated with chromatin modification. Cell. 1996 Sep 6;86(5):799-810.

Rosenbaum JL, Witman GB. Intraflagellar transport.Nat Rev Mol Cell Biol. 2002 Nov;3(11):813-25.

Rupp G, Porter ME. A subunit of the dynein regulatory complex in Chlamydomonas is a homologue of a growth arrest-specific gene product. J Cell Biol. 2003 Jul 7;162(1):47-57.

## S

Sadek CM, Damdimopoulos AE, Pelto-Huikko M, Gustafsson JA, Spyrou G, Miranda-Vizuete A. Sptrx-2, a fusion protein composed of one thioredoxin and three tandemly repeated NDP-kinase domains is expressed in human testis germ cells. Genes Cells. 2001;6(12):1077-90.

Saling PM. Mammalian sperm interaction with extracellular matrices of the egg. Oxf Rev Reprod Biol. 1989;11:339-88.

Sampson MJ, Decker WK, Beaudet AL, Armstrong D, Hicks MJ, Craigen WJ. Immotile sperm and infertility in mice lacking mitochondrial voltage-dependent anion channel type 3. J Biol Chem. 2001 Oct 19;276(42):39206-12.

Sapiro R, Kostetskii I, Olds-Clarke P, Gerton GL, Radice GL, Strauss III JF. Male infertility, impaired sperm motility, and hydrocephalus in mice deficient insperm-associated antigen 6. Mol Cell Biol. 2002 Sep;22(17):6298-305.

Satir P, Christensen ST. Overview of structure and function of mammalian cilia. Annu Rev Physiol. 2007;69:377-400.

Satir P, Mitchell DR, Jékely G. How did the cilium evolve? Dev Biol. 2008;85:63-82.

Seifer I, Fellous M, Bignon Y. Genetic causes of male infertility. Ann Biol Clin (Paris). 1999 May;57(3):301-8.

Seo S, Baye LM, Schulz NP, Beck JS, Zhang Q, Slusarski DC, Sheffield VC. BBS6, BBS10, and BBS12 form a complex with CCT/TRiC family chaperonins and mediate BBSome assembly. Proc Natl Acad Sci U S A. 2010 ;107(4):1488-93.

Shaikh TH, Gai X, Perin JC, Glessner JT, Xie H, Murphy K, O'Hara R, Casalunovo T, Conlin LK, D'Arcy M, Frackelton EC, Geiger EA, Haldeman-Englert C, Imielinski M, Kim CE, Medne L, Annaiah K, Bradfield JP, Dabaghyan E, Eckert A, Onyiah CC, Ostapenko S, Otieno FG, Santa E, Shaner JL, Skraban R, Smith RM, Elia J, Goldmuntz E, Spinner NB, Zackai EH, Chiavacci RM, Grundmeier R, Rappaport EF, Grant SF, White PS, Hakonarson H. High-resolution mapping and analysis of copy number variations in the humangenome: a data resource for clinical and research applications. Genome Res. 2009 Sep;19(9):1682-90.

Shao X, Tarnasky HA, Lee JP, Oko R, Van der Hoom FA. SPAG4, a Novel Sperm Protein, Binds Outer Dense-Fiber Protein Odf1 and Localizes to Microtubules of Manchette and Axoneme. Dev Biol, 1999 jul 1; 211(1):109-23.

Shao X, Tarnasky HA, Schalles U, Oko R, van der Hoorn FA. Interactional cloning of the 84-kDa major outer dense fiber protein Odf84. Leucine zippers mediate associations of Odf84 and Odf27.J Biol Chem. 1997 ;272(10):6105-13.

Simpson JL, de la Cruz F, Swerdloff RS, Samango-Sprouse C, Skakkebaek NE, Graham JM Jr, Hassold T, Aylstock M, Meyer-Bahlburg HF, Willard HF, Hall JG, Salameh W, Boone K, Staessen C, Geschwind D, Giedd J, Dobs AS, Rogol A, Brinton B, Paulsen CA. Klinefelter syndrome: expanding the phenotype and identifying new research directions. Genet Med. 2003 Nov-Dec;5(6):460-8.

Sironen A, Kotaja N, Mulhern H, Wyatt TA, Sisson JH, Pavlik JA, Miiluniemi M, Fleming MD, Lee L. Loss of SPEF2 function in mice results in spermatogenesis defects and primary ciliary dyskinesia. Biol Reprod. 2011 Oct;85(4):690-701.

Solari AJ. Synaptonemal complex analysis in human male infertility. Eur J Histochem. 1999;43(4):265-76.

Steffen W, Hodgkinson JL, Wiche G. Immunogold localisation of the intermediate chain within the protein complex of cytoplasmic dynein. J Struct Biol. 1996;117(3):227-35.

Supp DM, Brueckner M, Kuehn MR, Witte DP, Lowe LA, McGrath J, Corrales J, Potter SS. Targeted deletion of the ATP binding domain of left-right dynein confirms its role in specifying development of left-right asymmetries. Development. 1999 Dec;126(23):5495-504.

## T

*Bibliographie*

Tanaka H, Iguchi N, Toyama Y, Kitamura K, Takahashi T, Kaseda K, Maekawa M, Nishimune Y. Mice deficient in the axonemal protein Tektin-t exhibit male infertility and immotile-cilium syndrome due to impaired inner arm dynein function. Mol Cell Biol. 2004 Sep;24(18):7958-64.
Tang CJ, Lin CY, Tang TK. Dynamic localization and functional implications of Aurora-C kinase during male mouse meiosis. Dev Biol. 2006 Feb 15;290(2):398-410.

Tarnasky H, Cheng M, Ou Y, Thundathil JC, Oko R, van der Hoorn FA. Gene trap mutation of murine outer dense fiber protein-2 gene can result in sperm tail abnormalities in mice with high percentage chimaerism. BMC Dev Biol. 2010 Jun 15;10:67. doi: 10.1186/1471-213X-10-67.
Thépot D, Weitzman JB, Barra J, Segretain D, Stinnakre MG, Babinet C, Yanic M. Targeted disruption of the murine junD gene results in multiple defects in male reproductive function. Development 2000 Jan;127(1):143-53.
Touré A, Lhuillier P, Gossen JA, Kuil CW, Lhôte D, Jégou B, Escalier D, Gacon G. The testis anion transporter 1 (Slc26a8) is required for sperm terminal differentiation and male fertility in the mouse. Hum Mol Genet. 2007;16(15):1783-93.
Touré A, Morin L, Pineau C, Becq F, Dorseuil O, Gacon G. Tat1, a novel sulfate transporter specifically expressed in human male germ cells and potentially linked to rhogtpase signaling. J Biol Chem. 2001 ;276(23):20309-15.
Touré A, Rode B, Hunnicutt GR, Escalier D, Gacon G. Septins at the annulus of mammalian sperm. Biol Chem. 2011 Aug;392(8-9):799-803. doi: 10.1515/BC.2011.074.

Tseng TC, Chen SH, Hsu YP, Tang TK. Protein kinase profile of sperm and eggs: cloning and characterization of two novel testis-specific protein kinases (AIE1, AIE2) related to yeast and fly chromosome segregation regulators. DNA Cell Biol. 1998 Oct;17(10):823-33.
Tulsiani DRP, Abou-Haila A, Loeser CR, Pereira BMJ. The biological and functional significance of the sperm acrosome and acrosomal Enzymes in mammalian fertilization. Experimental cell research 1998; 240: 151-164.
Turner JM, Mahadevaiah SK, Fernandez-Capetillo O, Nussenzweig A, Xu X, Deng CX, Burgoyne PS. Silencing of unsynapsed meiotic chromosomes in the mouse. Nat Genet. 2005 Jan;37(1):41-7.
Turner RM. Moving to the beat: a review of mammalian sperm motility regulation. Reprod Fertil Dev. 2006;18(1-2):25-38.
Tynan SH, Gee MA, Vallee RB. Distinct but overlapping sites within the cytoplasmic dynein heavy chain for dimerization and for intermediate chain and light intermediate chain binding. J Biol Chem. 2000;275(42):32769-74.

**V**

Vallee RB, Sheetz MP. Targeting of motor proteins. Science. 1996;271(5255):1539-44.
Van Steirteghem A, Liebaers I, Camus M. Genetic male infertility Rev Prat. 1999 Jun 15;49(12):1309-13.
Van wijck J., Tijdink G.A., Stolte L. Anomalies in the Y-chromosome. Lancet, 1962 ; 1 : 218.
Vaughan KT, Mikami A, Paschal BM, Holzbaur EL, Hughes SM, Echeverri CJ, Moore KJ, Gilbert DJ, Copeland NG, Jenkins NA, Vallee RB. Multiple mouse chromosomal loci for dynein-based motility. Genomics. 1996 Aug 15;36(1):29-38.
Vernon GG, Neesen J, Woolley DM. Further studies on knockout mice lacking a functional dynein heavy chain (MDHC7). 1. Evidence for a structural deficit in the axoneme. Cell Motil Cytoskeleton. 2005 Jun;61(2):65-73.
Vialard F, Albert M. De l'étude des gènes de l'infertilité à la génétique des populations. Androl. (2009) 19:79-80.
Vollrath B, Pudney J, Asa S, Leder P, Fitzgerald K. Isolation of a murin homologue of the drosophila neuralized gene, a gene required for axonemal integrity in spermatozoa and terminal maturation pf the mammary gland. Mol Cell Biol. 2001 Nov;21(21):7481-94.

**W**

Welch JE, Brown PR, O'Brien DA, Eddy EM. Genomic organization of a mouse glyceraldehyde 3-phosphate dehydrogenase gene (Gapd-s) expressed in postmeiotic spermatogenic cells. Dev Genet 1995; 16: 179-189.
Wheater YH. Histologie fonctionnelle. De Boeck Université 4$^{ème}$ édition 2004.
WHO.World Health Organization laboratory manual for the Examination and processing of human semen FIFTH EDITION.
Witman GB, Plummer J, Sander G. Chlamydomonas flagellar mutants lacking radial spokes and central tubules. Structure, composition, and function of specific axonemal components.J Cell Biol. 1978 ;76(3):729-47.

Wolff H, Panhans A, Zebhauser M, Meurer M. Comparison of three methods to detect white blood cells in semen: leukocyte esterase dipstick test, granulocyte elastase enzymeimmunoassay, and peroxidase cytochemistry. Fertil Steril. 1992;58(6):1260-2.
Woolley DM, Neesen J, Vernon GG. Further studies on knockout mice lacking a functional dynein heavy chain (MDHC7). 2. A developmental explanation for the asthenozoospermia. Cell Motil Cytoskeleton. 2005 Jun;61(2):74-82.

**Y**

Yan X, Cao L, Li Q, Wu Y, Zhang H, Saiyin H, Liu X, Zhang X, Shi Q, Yu L. Aurora C is directly associated with Survivin and required for cytokinesis. Genes Cells. 2005 Jun;10(6):617-26.
Yamamoto R, Yanagisawa HA, Yagi T, Kamiya R. A novel subunit of axonemal dynein conserved among lower and higher eukaryotes. FEBS Lett. 2006 ;580(27):6357-60.
Yokoyama R, O'toole E, Ghosh S, Mitchell DR. Regulation of flagellar dynein activity by a central pair kinesin. Proc Natl Acad Sci U S A. 2004 ;101(50):17398-403.

**Z**

Zhang Z, Kostetskii I, Tang W, Haig-Ladewig L, Sapiro R, Wei Z, Patel AM, Bennett J, Gerton GL, Moss SB, Radice GL, Strauss JF 3rd. Deficiency of SPAG16L causes male infertility associated with impaired sperm motility. Biol Reprod. 2006 Apr;74(4):751-9. Epub 2005 Dec 28.

Oui, je veux morebooks!

# I want morebooks!

Buy your books fast and straightforward online - at one of the world's fastest growing online book stores! Environmentally sound due to Print-on-Demand technologies.

Buy your books online at

**www.get-morebooks.com**

Achetez vos livres en ligne, vite et bien, sur l'une des librairies en ligne les plus performantes au monde!
En protégeant nos ressources et notre environnement grâce à l'impression à la demande.

La librairie en ligne pour acheter plus vite

**www.morebooks.fr**

OmniScriptum Marketing DEU GmbH
Heinrich-Böcking-Str. 6-8
D - 66121 Saarbrücken

Telefax: +49 681 93 81 567-9

info@omniscriptum.de
www.omniscriptum.de

Printed by Books on Demand GmbH, Norderstedt / Germany